Preparación de soportes para revestir

Francisco Javier Manzano García

ic editorial

Preparación de soportes para revestir
© Francisco Javier Manzano García

1ª Edición

Editado por: IC Editorial
c/ Cueva de Viera, 2, Local 3
Centro Negocios CADI
29200 Antequera (Málaga)
Teléfono: 952 70 60 04
Fax: 952 84 55 03
Correo electrónico: iceditorial@iceditorial.com
Internet: www.iceditorial.com

ISBN: 978-84-1184-856-5
Depósito Legal: MA 830-2025

Impresión: PODiPrint
Impreso en Andalucía – España

Nota de la editorial: IC Editorial pertenece a Innovación y Cualificación S. L.

Presentación del manual

El **Certificado de Profesionalidad** es el instrumento de acreditación, en el ámbito de la Administración laboral, de las cualificaciones profesionales del Catálogo Nacional de Cualificaciones Profesionales adquiridas a través de procesos formativos o del proceso de reconocimiento de la experiencia laboral y de vías no formales de formación.

El elemento mínimo acreditable es la **Unidad de Competencia.** La suma de las acreditaciones de las unidades de competencia conforma la acreditación de la competencia general.

Una **Unidad de Competencia** se define como una agrupación de tareas productivas específica que realiza el profesional. Las diferentes unidades de competencia de un certificado de profesionalidad conforman la **Competencia General,** definiendo el conjunto de conocimientos y capacidades que permiten el ejercicio de una actividad profesional determinada.

Cada **Unidad de Competencia** lleva asociado un **Módulo Formativo,** donde se describe la formación necesaria para adquirir esa **Unidad de Competencia,** pudiendo dividirse en **Unidades Formativas.**

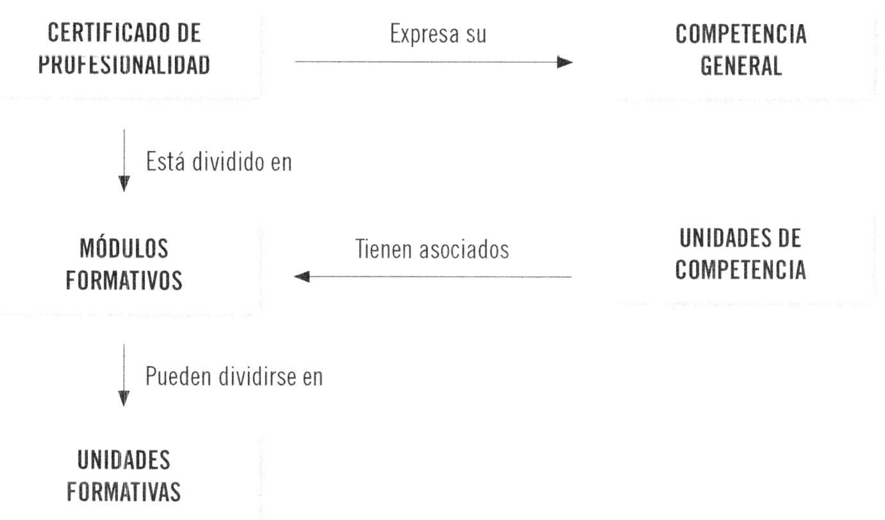

El presente manual desarrolla la Unidad Formativa **UF0643: Preparación de soportes para revestir,**

perteneciente al Módulo Formativo **MF0871_1: Tratamiento de soportes para revestimiento en construcción,**

asociado a la unidad de competencia **UC0871_1: Sanear y regularizar soportes para revestimiento en construcción,**

del Certificado de Profesionalidad **Operaciones auxiliares de revestimientos continuos en construcción.**

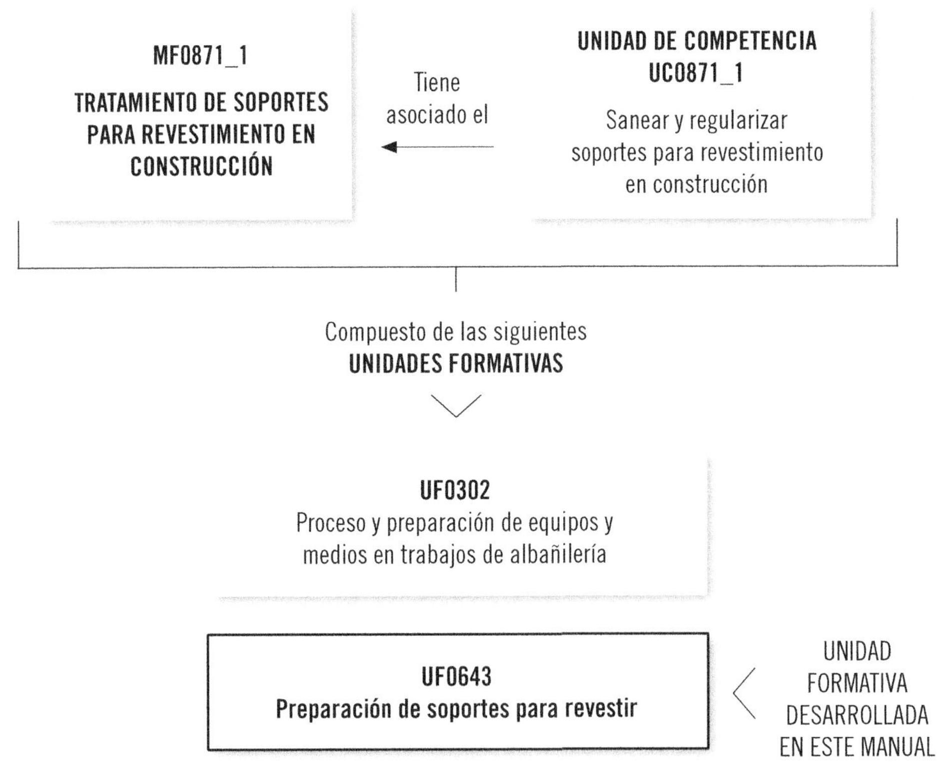

FICHA DE CERTIFICADO DE PROFESIONALIDAD

(EOCB0109) OPERACIONES AUXILIARES DE REVESTIMIENTOS CONTINUOS EN CONSTRUCCIÓN (R. D. 644/2011, de 9 de mayo, modificado por el R. D. 615/2013, de 2 de agosto)

COMPETENCIA GENERAL: Preparar los soportes para realizar revestimientos con morteros, pastas y pinturas, ejecutar "a buena vista" enfoscados y guarnecidos, aplicar imprimaciones y pinturas protectoras, y realizar labores auxiliares en tajos de obra, siguiendo las instrucciones técnicas recibidas y las prescripciones establecidas en materia de seguridad y salud.

Cualificación profesional de referencia	Unidades de competencia		Ocupaciones o puestos de trabajo relacionados:
EOC272_1 Operaciones auxiliares de revestimientos continuos en construcción (R. D. 872/2007, de 2 de julio)	UC0276_1	Realizar trabajos auxiliares en obras de construcción	▪ 9602.1013 Peón de la construcción de edificios ▪ Ayudante de Albañil ▪ Operario de Acabados ▪ Ayudante de Pintor ▪ Peón especializado
	UC0869_1	Elaborar pastas, morteros, adhesivos y hormigones	
	UC0871_1	Sanear y regularizar soportes para revestimiento en construcción	
	UC0872_1	Realizar enfoscados y guarnecidos "a buena vista"	
	UC0873_1	Aplicar imprimaciones y pinturas protectoras en construcción	

Correspondencia con el Catálogo Modular de Formación Profesional

Módulos certificado	Unidades formativas	Horas
MF0276_1: Labores auxiliares de obra		50
MF0869_1: Pastas, morteros, adhesivos y hormigones		30
MF0871_1: Tratamiento de soportes para revestimiento en construcción	UF0302: Proceso y preparación de equipos y medios en trabajos de albañilería	40
	UF0643: Preparación de soportes para revestir	60
MF0872_1: Enfoscados y guarnecidos "a buena vista"	UF0302: Proceso y preparación de equipos y medios en trabajos de albañilería	40
	UF0644: Ejecución de enfoscados y guarnecidos "a buena vista"	60
MF0873_1: Pintura y materiales de imprimación y protectores en construcción	UF0645: Proceso y preparación de equipos y medios en trabajos de pintura en construcción	40
	UF0646: Aplicación de pinturas e imprimaciones protectoras	80
MP0134: Módulo de prácticas profesionales no laborales		80

Índice

Capítulo 1

Saneamiento y limpieza de soportes para revestimiento

Contenido

1. Introducción

El revestimiento de un paramento es el tratamiento superficial, también llamado envolvente, que aplicado sobre el elemento constructivo mejora alguna de sus propiedades características o su aspecto técnico, protegiéndolo a su vez de las inclemencias externas, bien meteorológicas, bien químicas o físicas.

El estudio de los revestimientos puede enfocarse de muy diversas maneras: por el material que lo compone, por su forma de ejecución, por la ubicación del mismo, por la finalidad, etc. El presente capítulo se centrará en el soporte sobre el que se aplicará el revestimiento final, incidiendo en las labores de saneamiento y limpieza necesarias para su correcta ejecución.

La preparación previa de la superficie de apoyo del revestimiento sobre la que se aplicará se considera fundamental para ampliar su duración a lo largo del tiempo, ya que una ejecución sobre un paramento deficientemente preparado producirá, sin duda alguna, patologías muy diversas como desprendimientos, manchas, eflorescencias o cualquier otro tipo de defecto.

2. Tipos de soportes para revestimiento

Los materiales que componen la superficie sobre la que se aplicará el revestimiento son de muy diversas naturalezas, y se pueden encontrar en todos los elementos constructivos que componen un edificio. Se puede realizar una clasificación de los revestimientos en función de los materiales que los formarán y otra según la situación del elemento constructivo en la obra.

2.1. Clasificación según los materiales que lo forman

Según los materiales que conforman la superficie de apoyo sobre la que se aplicará el revestimiento se distinguen los siguientes:

- **Ladrillo cerámico.** Es el soporte más empleado en edificación, se compone de piezas de arcilla cocida a una temperatura próxima a los 800 °C unidas mediante mortero de cemento o mortero bastardo.

Ladrillo para revestir

- **Cal aérea.** Por maceración de una lechada de cal se formará una pasta homogénea que al unirla con arena formará un mortero de unión. Este mortero, al relacionarse con el CO_2 del aire, endurecerá. En este tipo de soportes no se puede utilizar revestimientos impermeables al agua.
- **Yeso y derivados.** Al añadir agua al yeso en polvo se obtiene una pasta que al cabo de unos 15-60 min se convertirá en un sólido fuerte. Este soporte será sensible a la acción del agua, por lo que no será aconsejable su empleo en exteriores.
- **Cemento.** En este caso la mezcla con agua se realizará con polvo de cemento, la reacción al cabo de 24 h lo convertirá en piedra. Esto permitirá y aconsejará su empleo en revestimientos en el exterior.
- **Metales.** La utilización de los metales en construcción tiene la problemática de la corrosión, que no es más que la tendencia del metal a volver a su forma más estable. Esta característica condicionará tanto su utilización como los materiales empleados en su revestimiento.

2.2. Clasificación según su situación en la obra

Según la ubicación del elemento constructivo en la edificación se pueden encontrar distintos soportes. La principal clasificación se establece entre soportes situados en el exterior y los ubicados en el interior.

Soportes exteriores

Son los expuestos a las inclemencias del ambiente exterior como pueden ser los cerramientos de fachada, los pretiles de cubierta, los elementos de partición de parcelas, los pavimentos exteriores, etc.

Nota

Las solicitaciones externas tan diversas que pueden recibirse condicionarán el material a emplear como revestimiento y este, a su vez, el empleado como soporte del mismo.

Las inclemencias climatológicas dependientes del lugar donde están ubicadas las construcciones determinan el carácter de dichas construcciones. Así, por ejemplo, no serán utilizados los mismos soportes en una construcción realizada en el norte de Europa que aquellos empleados para una edificación en el Caribe.

Soportes interiores

Estos tipos de soportes estarán protegidos de las acciones climatológicas externas aunque esta circunstancia no significa que no tengan solicitaciones que le afecten y que limiten su utilización.

Se utilizarán en tabiques de separación de estancias, particiones de división de viviendas, interior de cerramientos de fachada, etc.

En función del uso que se realice en la estancia en la que se ubiquen los soportes, las solicitaciones serán también muy diversas, de este modo, no serán las mismas las recibidas por los paramentos de un cuarto de baño o las de un laboratorio químico.

Sabía que...

Cuando la humedad alcanza el 100 % se produce condensación, proceso que se observa en la vida diaria. El rocío en las mañanas de invierno se debe a que la humedad relativa del aire ha alcanzado el 100 % y el aire no admite ya más agua, entonces el agua condensa en forma líquida en superficies metálicas, hojas, flores, etc. También se alcanza el 100 % de humedad cuando se usa agua muy caliente en un recinto cerrado como un cuarto de baño. El agua caliente se evapora fácilmente y el aire de la habitación alcanza con rapidez el 100 % de humedad.

En resumen, para el empleo de un tipo de material u otro en el revestimiento de cualquier elemento constructivo se deberá estudiar no solo el material que se empleará en la base de apoyo del mismo, sino también la actividad que se va a desarrollar en la estancia que se revestirá.

3. Tipos de revestimientos

La variedad de acabados que puede aplicársele a un paramento es prácticamente infinita debido a la gran cantidad de materiales que hoy en día se emplean en el sector de la construcción.

Una clasificación dentro de los tipos de revestimientos existentes puede realizarse atendiendo a la forma en que el material se aplica distinguiéndose dos grupos bien diferenciados:

- **Revestimientos continuos.** Son los revestimientos aplicados *in situ,* en la misma obra, directamente sobre el paramento que va a ser revestido. Están formados por una o varias capas uniformes de material en forma de mortero, pasta o líquido que fragua y endurece directamente en el lugar de su aplicación.
- **Revestimientos discontinuos.** Por su parte los revestimientos discontinuos o despiezados se constituyen por placas de materiales naturales o

artificiales que son fijados al paramento a revestir mediante el uso de otros elementos de anclaje o agarre.

En atención a la clasificación comentada se tendrá:

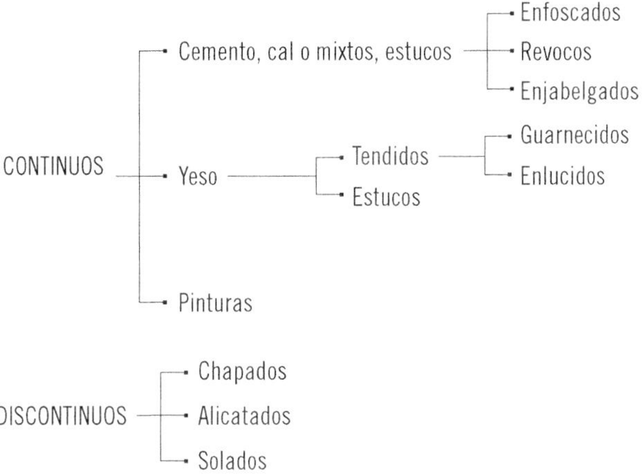

Se definirán a continuación los diferentes tipos de revestimientos según la clasificación indicada.

3.1. Continuos

Entre los continuos se distinguen los enfoscados, revocos, enjabelgados, guarnecidos y enlucidos. Se describen a continuación.

Enfoscados

Es un tipo de revestimiento continuo realizado con mortero de cemento, de cal o mixto. El mortero se formará por la unión entre un conglomerante (cemento o cal) y un árido (arena de río) u otro material inerte.

Nota

Cuando la dimensión de los áridos fuese de mayor tamaño, con elementos de mayor grosor, se rebasaría la línea de los morteros y se estaría ante un hormigón.

Los enfoscados de mortero tienen fundamentalmente una función protectora del soporte en el que se apliquen, sirviendo también para cubrir imperfecciones, para modificar el aspecto estético de un paramento, o servir de base para un revoco o un estuco, siendo la capa de mayor impermeabilidad y resistencia.

Son empleados fundamentalmente en exterior, aunque por razones mecánicas o de aislamiento pueden emplearse también en zonas de interior. No serán aptas para su aplicación las superficies de yeso ni aquellas de similar o menor resistencia, y para el revestido de elementos de hormigón deberá emplearse un forrado previo de piezas cerámicas o de cemento.

Normalmente se emplean como soporte para otros tipos de acabados no siendo muy habitual que el enfoscado quede visto con su aspecto natural, ya que su apariencia no es muy buena.

Actividades

1. Explicar brevemente los tipos de revestimientos que existen y su clasificación.

Revocos

El revoco será la última capa o capas que conforman un revestimiento continuo conglomerado, situado generalmente al exterior sobre una base previamente enfoscada y que se emplea para mejorar el acabado del mismo. Tendrán una finalidad únicamente decorativa no de protección del paramento.

Para su confección se utilizarán áridos procedentes del machaqueo de rocas, aunque por economía, en ocasiones, se emplean áridos de mina o río, lo que disminuye la calidad del trabajo.

En general varían tanto en su composición como en la cantidad de capas, e incluso en el nombre según la localización donde se trabaje el revestimiento.

Lo más importante es emplear siempre arenas procedentes del machaqueo o trituración artificial de rocas y aplicarlas en capas superpuestas, con todo ello se conseguirá un acabado superficial final más perfecto y una disminución de los efectos de retracción durante el fraguado y el endurecimiento.

El espesor final, a excepción del revoco pétreo (1 cm), suelen ser de 5 a 8 mm y sus acabados pueden obtener superficies con acabados bruñidos, en relieve, de contextura de grano grueso, etc. Es necesario el regado de los paramentos revestidos para favorecer el fraguado del mortero.

Enjabelgados

Recibe este nombre también la pintura corriente a la cal, estando formada por una lechada de cal grasa o con pigmentos, en proporción no mayor del 15 %.

La cal grasa se aplicará apagada con antelación para su total extinción, pero sin que se carbonate, pues en este caso se adhiere difícilmente a los paramentos, ya que su secado y endurecimiento es debido a carbonatación con el anhídrido carbónico del aire.

Se utilizan lechadas claras, dándose al menos dos manos cruzadas con brochas grandes de blanquear o con aerógrafos.

Nota

Los aerógrafos por medio de aire comprimido lanzan la lechada sobre el paramento de forma pulverizada.

Guarnecidos

Se utilizará para revestir superficies de ladrillos cerámicos o de bloques, o de hormigón o mortero en paredes o techos interiores o en locales en los que esté prevista una humedad relativa habitual inferior al 70 %. No se emplearán en estancias que vayan a ser salpicadas por agua como consecuencia de su actividad interior.

Este tipo de revestimiento se empleará como base para acabados con papel grueso, corcho, plásticos, revestimientos textiles o acabados de análogo poder de cubrición, también se emplearán cuando el guarnecido deba servir de base para un enlucido.

Las formas de ejecución de este revestimiento son muy diversas pudiendo realizarse maestreado, a buena vista, proyectados, etc. En función del tipo de ejecución seleccionado las fases en las que se desarrollará el trabajo serán distintas.

Guarnecido de yeso

Enlucidos

Para los enlucidos se emplearán mezclas con áridos de menor grosor o calibre, dando un aspecto final mucho más fino. Pueden existir enlucidos de mortero de cemento o de yeso.

En cualquiera de los acabados que se realicen, el soporte sobre el que se aplique, ya sea guarnecido o enfoscado, debe estar adecuadamente fraguado y tener la consistencia suficiente para no desprenderse al aplicar el mismo.

Importante

Además en los enlucidos de yeso la superficie debe estar rayada.

Los encuentros de los enlucidos con rodapiés, cajas, ganchos y otros elementos recibidos deben quedar perfectamente perfilados.

Estucos

Los estucos, al igual que los revocos, son revestimientos aplicados en una o varias capas sobre paramentos previamente enfoscados con los que se mejora el acabado final, por lo que tienen una función meramente decorativa y no de protección.

La diferencia entre revoco y estuco radica en que para el primero se empleará como conglomerante cemento blanco y para el segundo la cal grasa.

Recuerde

Tanto los estucos como los revocos son revestimientos aplicados en una o varias capas sobre paramentos enfoscados que mejoran el aspecto final por lo que tienen función estética y no de protección. La diferencia entre ambos acabados está en el conglomerante.

El espesor final, a excepción del estuco rústico (2 cm), suele ser de 5 a 8 mm. Es necesario el regado previo de los paramentos a revestir para favorecer el fraguado del mortero.

Aplicación práctica

Está haciendo un enfoscado y enlucido de mortero de cemento en un paramento y el dueño de la vivienda en la que trabaja se le acerca y le pregunta qué tareas está realizando. Explique cuáles son y las diferencias entre ellas.

SOLUCIÓN

La primera gran diferencia que existe es el tamaño del árido empleado en su ejecución, utilizándose árido de mayor grosor en el enfoscado y mucho más fino en el enlucido. Por otro lado la función de ambos también es diferente ya que el enfoscado tiene una función de protección del paramento mientras que la del enlucido es estética. Finalmente el grosor del primer acabado es mucho mayor que en el segundo, y su finalización será más rugosa para favorecer la adherencia de posteriores capas mientras que en el enlucido el acabado es más fino.

3.2. Discontinuos

Se centra el presente apartado en los revestimientos discontinuos resaltando chapados, alicatados y solados.

Chapados

Los chapados son revestimientos discontinuos de paramentos con placas de piedra natural. En exteriores se emplearán normalmente piedras de canteras de la zona donde se ubique la edificación, y el soporte en el que se apoye el chapado deberá tener la suficiente resistencia para soportar el peso del mismo.

Los anclajes de las piezas de chapado podrán realizarse ocultos o vistos debiendo anclarse siempre sobre la fábrica de soporte. Cualquier elemento constructivo (carpinterías, barandillas, etc.) deberá sostenerse directamente sobre este.

Las piezas a utilizar pueden ser de piedra caliza, de granito o de mármol, no admitiéndose piedras porosas en zonas donde se prevean heladas. El grosor de las placas será de un mínimo de 30 mm.

Alicatados

Los alicatados se compondrán de piezas cerámicas, porosas y prensadas con una superficie esmaltada impermeable e inalterable a los ácidos, lejías y a la luz.

Las piezas de alicatado tendrán un espesor entre 3 y 15 mm y pueden instalarse bien mediante mortero de cemento o bien mediante adhesivo.

Nota

En ambas formas de ejecución deberá realizarse un rejuntado final de las llagas de unión de las diferentes piezas con lechada de cemento blanco.

Solados

El revestido de las superficiales horizontales mediante piezas de piedra artificial, de gres, de piezas sintéticas, etc. recibe el nombre de solado.

Al igual que con los revestimientos de los paramentos verticales, en los de los paramentos horizontales el soporte es fundamental para su aspecto final, debiendo estar correctamente nivelados y poseer la suficiente resistencia para el apoyo de las piezas de acabado.

3.3. En láminas

Dentro de los revestimientos discontinuos se destacan los ejecutados mediante láminas. En este tipo de revestimientos se superponen de forma consecutiva diferentes láminas sobre un soporte uniforme y con las características necesarias en función del material de acabado seleccionado.

3.4. Pinturas

Puede decirse de modo genérico que las pinturas son revestimientos continuos de acabado y/o protección en forma de fluido más o menos viscoso que poseen la propiedad de convertirse en películas sólidas mientras permanecen bien adheridas al soporte sobre el que se han aplicado.

Nota

Se llama pinturas a las aplicaciones opacas que le dan al soporte el color de los pigmentos que poseen en su composición. Si son transparentes, permitiendo apreciar la naturaleza del soporte sobre el que se aplican, se denominan barnices.

4. Estado y condiciones previas del soporte

Una correcta preparación previa del soporte sobre el que se aplicará el revestimiento será la primera condición a cumplir para asegurar la duración en el revestimiento aplicado. Esta consistirá en la realización de una serie de tareas sucesivas que se desarrollan a continuación.

4.1. Limpieza

Uno de los problemas fundamentales que suele existir en un paramento mal revestido es la deficiente unión entre revestimiento y soporte, por lo que se deben preparar ambos elementos para lograr una unión lo más sólida posible.

Con la limpieza se elimina la capa de polvo superficial que dificulta la adherencia. Esta limpieza podrá ser manual o mecánica. La primera consistirá en barrer con escobilla o con brocha la superficie. Este método se empleará en superficies pequeñas, ya que es más lento que el mecánico y por lo tanto más caro. En el caso de limpieza mecánica se utilizará aire comprimido o agua a presión, dependiendo tanto del grado de humedad previo del soporte como de la compatibilidad del soporte con estos procedimientos.

4.2. Humedad

Se ha de regar el soporte para conferirle el grado de humedad adecuado. Esta humedad asegurará que cuando se aplique posteriormente el revestimiento, el soporte no restará agua de amasado del material de acabado impidiendo de esta forma su correcto fraguado. Además servirá para terminar de limpiar los restos de polvo que pudieran haberse quedado adheridos en la superficie.

4.3. Acabados preexistentes

El análisis previo del estado del soporte permitirá detectar la existencia o no de revestimientos anteriores en la zona de aplicación del nuevo acabado. Las posibles causas del deterioro de este son de obligado estudio para evitar su aparición en el nuevo acabado. En cualquiera de los casos para la aplicación, el soporte deberá encontrarse completamente picado hasta la fábrica de ladrillo o base sólida desde donde se comenzará a aplicar el revestimiento.

4.4. Contornos

Los contornos del paramento a revestir quedarán definidos de forma clara marcando las aristas de los mismos, para lo que se utilizarán, si fuese necesario, guardavivos.

Definición

Guardavivo
Es una moldura de madera o perfil en "L" de carpintería metálica o en plástico rígido, que se fija en las esquinas de los paramentos para protegerlas contra roces y golpes, y también a veces para evitar que las aristas sean demasiado agudas.

El repaso de los contornos en una fase previa a la aplicación del revestido será una buena práctica en la ejecución de un revestimiento.

4.5. Instalaciones

Las instalaciones que discurran por el paramento a revestir deberán estar ejecutadas en el momento de aplicación del revestimiento, al menos las canalizaciones por las que estas circulan. Estas canalizaciones pueden ser un punto de deficiencia de no ejecutarse de una forma correcta, por ello la canalización deberá estar perfectamente empotrada y con grosor suficiente, lo que evitará su señalización en el paramento final.

Actividades

2. Indicar las condiciones que debe cumplir un paramento antes de su revestimiento.

5. Patología de los revestimientos

Las patologías que pueden darse en el revestimiento de un paramento son muy diversas, encontrándose entre estas, manchas, humedades, eflorescencias, mohos, óxidos, herrumbres y calaminas.

A continuación se desarrolla cada una de estas patologías de forma más detallada.

5.1. Manchas

El depósito en los paramentos de las partículas en suspensión existentes en la atmósfera provocará manchas en los mismos. En épocas anteriores este tipo de patología no era muy frecuente, hoy en día, sobre todo en paramentos urbanos, es una de las patologías más importantes debido al alto grado que ha alcanzado la polución producida por vehículos, calefacciones, industrias, agentes orgánicos y demás elementos contaminantes de la atmósfera.

El proceso de formación de manchas consiste en el depósito de partículas en los paramentos debido a la tensión superficial y a la rugosidad. Posteriormente, el agua de lluvia empujará al interior de los poros por capilaridad la suciedad y, una vez colmado el poro, surgirán en el paramento las manchas. La composición del material del revestimiento es importante en la formación de las mismas, además, la posición del plano donde se produzca el depósito (vertical, horizontal o inclinado) también será determinante en la aparición de las manchas.

Fachada manchada por la polución

Otro aspecto que influirá en la aparición de manchas será la humedad relativa del aire, de forma que a mayor humedad ambiente, mayor suciedad en los paramentos.

Nota

Esto puede comprobarse fácilmente en las ciudades situadas a nivel del mar, ya que la humedad relativa es muy elevada, lo que provoca un cierto tono grisáceo en sus fachadas.

5.2. Humedades

La humedad será la aparición no deseada de agua en estado líquido en alguna zona de la edificación. Las humedades son el origen de otras lesiones más importantes. Su presencia perjudica seriamente al edificio y a la salud de los habitantes de las construcciones.

La humedad puede producirse por penetración de agua líquida o por condensación de vapor de agua. Para una mejora de la impermeabilidad al agua se pueden realizar varias acciones:

- Impedir el estancamiento de agua dando salidas fáciles a las mismas.
- Intentar cortar el paso del agua lo más al exterior posible.
- Disminuir la presión del agua. El agua con presión penetrará con mayor facilidad, por lo que se procurará que esta llegue al paramento sin presión.

La difusión del vapor de agua se producirá por intersticios muy pequeños, siguiendo la dirección desde lugares donde hay más presión a lugares con menos. Si se superara la presión de saturación se producirá la condensación, pasando de estado gaseoso a líquido, por ello, contra este efecto se deberán colocar barreras de vapor.

El conjunto formado por edificio, terreno y ambiente atmosférico está en continuo intercambio higrotérmico o intercambio de temperatura y grado de humedad.

Sabía que...

La higroscopicidad de un material es la facultad de absorber o ceder agua en función del ambiente que lo rodea.

La difusión del vapor se producirá por la diferencia de presiones de dos ambientes distintos. El agua líquida puede penetrar desde el terreno por capilaridad a través de los poros existente en la fábrica.

En el análisis de humedades de un paramento deberán tenerse en cuenta todos estos aspectos.

5.3. Mohos

Los asentamientos incontrolados en las fachadas de los edificios de organismos vivos, en situación activa o pasiva, provocan lesiones en los materiales constructivos y distorsionan el aspecto original del edificio. Estos pueden ser tanto animales como vegetales.

Dentro de los asentamientos vegetales se encuentran los mohos, que son diversas especies de hongos que viven sobre materia orgánica en descomposición con la ayuda de la humedad. Son de diversos colores, desde muy claros a muy oscuros, producen gases malolientes y suelen aparecer sobre materiales pétreos.

Las principales localizaciones de este tipo de patología que pueden darse son las siguientes:

- Exteriores: zonas umbrías, poco ventiladas, con humedad y gran porosidad.
- Zócalos de piedra, ladrillo o morteros orientados al norte.
- Impostas y molduras que presentan plataformas horizontales.
- Huecos de ventanas y rincones en general.
- Interiores, zonas muy húmedas y poco ventiladas.
- Interiores de armarios localizados en fachada, donde se produce humedad de condensación.
- Rincones próximos a elementos estructurales, donde se produce puente térmico que provoca también humedades de condensación.
- Buhardillas y desvanes sin ventilación y con humedades.

5.4. Eflorescencias

Las eflorescencias se definen como el depósito de sales por cristalización en la superficie exterior de los paramentos. Para que se produzca este fenómeno se deben dar otros tres fenómenos fisicoquímicos:

- Existencia de sales solubles en algunos de los materiales del cerramiento.
- Presencia de humedad, normalmente infiltrada, que tiende a salir al exterior por diferencia de presión de vapor.
- Disolución y transporte de las sales hacia la superficie exterior del cerramiento donde, al evaporarse el agua que las contiene, cristalizan.

Los mampuestos y acabados pétreos son eflorescibles, sobre todo, los de origen sedimentario (calizas, areniscas, etc.).

Nota

Estos son muy empleados en chapados, pavimentos, solados, remates, etc.

En estos elementos, la sal eflorescente más común es el sulfato cálcico. Para conocer su origen es necesario estudiar la situación de la sal cristalizada. En el caso de muros de mampostería, es muy frecuente encontrarlos enfoscados y revocados, por lo que el mencionado acabado puede también aportar sus sales.

En el caso de cerramientos antiguos es probable que se encuentren con los poros obstruidos, por lo que no es fácil encontrar en ellos la lesión, sin embargo, es bastante habitual en chapados de piedra caliza más o menos actuales, y la sal suele provenir del propio chapado o del mortero que los trasdosa. Si es de cemento puede producir las eflorescencias propias del mortero, y si es de escayola puede provocar la salida de sulfato magnésico, igualmente blando.

Definición

Trasdosar
Reforzar una obra por la cara posterior de la misma.

Cuando la eflorescencia aparece en el pavimento, si se trata de humedad de capilaridad, las sales que cristalizan pueden provenir de alguno de los materiales constitutivos del acabado (baldosa y mortero), de la estructura (hormigón), o incluso del propio terreno.

Aplicación práctica

Se dispone a comenzar un trabajo de chapado de piedra en una fachada de una vivienda y el propietario le indica que a su vecino le realizaron ese mismo acabado y al poco tiempo comenzaron a salirle manchas blanquecinas. Explíquele cuál puede ser su origen.

SOLUCIÓN

Debe indicarle que estas manchas blanquecinas que le han aparecido a su vecino se denominan eflorescencias y que son sales depositadas por cristalización en la superficie exterior de los paramentos por la presencia de tres condiciones: agua, disolución de sales y evaporación posterior del agua produciendo la cristalización de la sal disuelta. La presencia de agua se puede producir por:

- El agua asciende desde el suelo por capilaridad.
- El agua de lluvia que penetra por la permeabilidad de los materiales empleados.
- La presencia de agua continuada en paramentos como en el caso de depósitos, estanques, etc.

5.5. Óxidos

En algunos casos la suciedad de la pared viene provocada por elementos concretos del paramento que, bien por un deficiente diseño, o bien por la falta del mantenimiento necesario de los mismos, producen manchas en los revestimientos.

Este es el caso de los elementos metálicos, generalmente de hierro, ya sean barandillas, carpinterías de hierro, contraventanas, cerrajerías, ornamentos, etc., o elementos de vertido de aguas que no cumplen enteramente la función para la que fueron proyectados y dejan correr el agua a través del paramento, como ocurre en los desagües de terrazas o en algunos canalones de cubierta.

Esta patología aparece de forma general en los paramentos ejecutados con enfoscados de mortero, seguidos, con una gran diferencia, por las de revocos y pinturas. Posiblemente se deba a la mayor rugosidad que tiene un paramento enfoscado con mortero de cemento, el cual permite un mayor cúmulo de partículas, mientras que las fachadas revocadas o pintadas tienen una textura mucho más lisa y permiten un mejor lavado de la suciedad por el agua de lluvia.

Solado manchado de óxido

Actividades

3. Buscar ejemplos de patologías existentes en los revestimientos de acabados del entorno.

5.6. Herrumbres

Herrumbre se denomina a la capa de color rojizo que se forma en la superficie del hierro y otros metales a causa de la humedad o del aire, también se llama orín, y consiste en la disgregación de la superficie de los metales motivada por el ataque de diversos agentes atmosféricos.

Las herrumbres generalmente son producidas por una especie de bacterias llamadas quimiosintéticas (bacterias del hierro) porque ellas oxidan sustancias inorgánicas para obtener energía.

Nota

Las herrumbres de un metal se deben a la oxidación del mismo por contacto directo con el oxígeno atmosférico, o bien, por el accionar de estas cepas bacterianas.

5.7. Calaminas

La calamina, también llamada hemimorfita, es un mineral del grupo de los silicatos. En realidad el nombre de calamina viene del término que utilizaban los mineros para designar a la mezcla que aparecía frecuentemente de hemimorfita, smithsonita e hidrocincita, en la parte alta de las minas de zinc.

Es un hidroxisilicato de zinc hidratado, con aspecto de cristales largos dispuestos en costras radiadas, normalmente blancas, pero es frecuente en costras masivas de tonalidad verde o azul intenso.

En condiciones adecuadas el zinc desarrolla una capa de óxido protectora, sin embargo en condiciones especiales (atmósfera industrial, ambientes urbanos con mucha polución y/o humedad elevada), el dióxido de sulfuro inhibe la formación de esta capa de carbonatos. Además se ha de tener especial cuidado con el cobre, ya que para el zinc, es un agente altamente corrosivo.

En construcción se encuentran elementos de zinc en forma de chapas lisas y onduladas, para revestimiento de cubiertas, canaletas, caños de desagües, limahoyas, cornisas, depósitos, etc.

Definición

Limahoyas
Ondulación que forman dos vertientes de agua donde se encuentran.

6. Materiales para saneamiento y limpieza

En primer lugar se han de definir los vocablos saneamiento y limpieza de paramentos.

Se utiliza el término **saneos** de fachadas o paramentos para todos aquellos trabajos encaminados a eliminar del revestimiento de la fachada todas las zonas que no ofrezcan la suficiente resistencia, bien porque el material se disgregue al tocarlo directamente con la mano, o bien porque esté deficientemente adherido a su soporte, suene a hueco, y sucumba fácilmente a pequeños golpes de martillo.

Las zonas que deben eliminarse se detectarán sondeando la superficie del paramento con pequeños golpes de martillo o picoleta.

Una vez se han detectado las zonas con deficiente resistencia se deberá proceder a su picado total, llegando hasta la superficie resistente. En muchas ocasiones se hace necesario eliminar el revestimiento completo, ya que si el paramento no queda perfectamente saneado el nuevo revestimiento puede llegar a desprenderse en un corto o medio plazo.

Cuando se acomete la **limpieza** de paramentos la resistencia del revestimiento no se encuentra en entredicho, la adherencia entre soporte y acabado es total no estando el mismo debilitado.

La realización de estas tareas suele llevarse a cabo de forma complementaria debido a que en toda la superficie de una fachada o paramento suelen alternarse zonas con resistencia suficiente como para recibir tratamientos de limpieza con zonas debilitadas, y otras que por el contrario necesitan, para una correcta ejecución, el saneo de las mismas.

Para proceder al saneamiento y limpieza de los paramentos ha de conocerse la naturaleza de los materiales que constituyen los mismos, así como las causas, el grado, y las características particulares del ensuciamiento. En base a todos estos datos se elegirá el material y el método más adecuado para proceder a la limpieza.

Recuerde

El saneamiento retira del paramento los revestimientos no resistentes mediante picado, y la limpieza se realiza en paramentos suficientemente resistentes.

Los tipos generales de uso común utilizados en limpieza de fachadas o paramentos se pueden clasificar según se utilice agua para su limpieza o bien algún producto químico.

6.1. Tipos

Se incide en el presente apartado en los diferentes tipos de materiales empleados en la limpieza y saneo de paramentos.

Agua

La limpieza mediante agua consiste en el mojado de los paramentos con chorro de agua y su posterior cepillado con cepillo de cerdas, nailon, cobre o latón, dependiendo de la dureza que se desee en función del soporte.

Esta limpieza se podrá realizar con agua a presión, sin presión, con agua caliente y con agua fría, siendo en cualquier caso conveniente el conocimiento de la graduación de la presión para que no dañe el material a sanear. Este procedimiento no deteriora las superficies o aristas de dibujos o molduras existentes en revestimientos relativamente blandos.

Cuando el cepillado se realiza manualmente, con chorro de agua, la mano de obra no necesita ser especializada y no intervienen equipos específicos, por lo que podría pensarse en un abaratamiento del precio de ejecución. Sin embargo esto no es así, ya que este método es muy lento y tiene un alto consumo de agua.

Nota

De realizarse con agua a presión, el consumo en este caso sería menor, aunque si se requeriría mano de obra especializada y equipos especiales para su ejecución.

Un gran problema que se tiene con esta modalidad de limpieza son las heladas que puedan producirse después de su realización. Al trabajar con abundante agua sobre el material poroso, este puede absorber agua que al helarse y aumentar su volumen podría originar consecuencias graves para el revestimiento.

Puede pensarse que una solución al problema anterior sea el utilizar agua caliente para el saneamiento y la limpieza de fachadas, pero en este caso la problemática es otra, ya que ha de tenerse en cuenta el choque térmico que se puede producir entre los dos elementos, agua y soporte, el cual puede llegar a provocar desórdenes en el revestimiento.

Sabía que...

La gelifracción es la rotura de las rocas aflorantes a causa de la presión que ejercen sobre ellas los cristales de hielo. El agua, al congelarse, aumenta su volumen en un 9 %. Si se encuentra en el interior de las rocas ejerce una gran presión sobre las paredes internas que acaba, tras la repetición, por fragmentarlas.

Productos químicos

Con estos sistemas se puede conseguir una mayor facilidad en el desprendimiento de la suciedad del paramento. Actualmente existen muchos productos para aplicar debido al gran desarrollo que ha experimentado en los últimos años la industria química.

Para realizar la elección del tipo de producto químico a aplicar en cada caso concreto se debe tener en cuenta una serie de características:

- Conocimiento de los componentes del producto.
- Contraindicaciones.
- Garantías facilitadas por el fabricante.

- Sellos de calidad, pruebas y ensayos.
- Instrucciones del fabricante para su aplicación.

Actividades

4. Buscar las instrucciones de uso del fabricante de un producto químico a emplear en limpieza de paramentos.

Además de seguir las pautas comentadas anteriormente no puede olvidarse la facilitada por la propia experiencia en la aplicación de casos similares.

Las garantías son las especificadas por el fabricante ya que, generalmente, debido a la aparición o cambio de fórmulas antiguas, en pocas situaciones pueden constatarse con los resultados de casos anteriores. En la actualidad, debido a la gran competencia existente en el campo de pinturas y saneos de fachadas, el obtener los mayores años de garantía puede ser un incentivo para destacar del resto de competidores del mercado.

Estos productos se aplican con brocha o rodillo sobre superficies que han sido previamente humedecidas, posteriormente se dejará actuar durante un periodo de tiempo variable según el producto, y se aclarará con agua limpia a presión dejando la superficie perfectamente limpia. Esta última operación será muy exhaustiva, ya que si quedaran restos de la sustancia en el paramento podría atacar al nuevo revestimiento.

Este procedimiento o tipo de limpieza puede ser complementario del anterior en los casos de intensas suciedades. Con él se logrará mejorar la calidad de la limpieza, así como una mayor rapidez de ejecución.

6.2. Funciones

Los materiales empleados en saneamiento y limpieza de fachadas han de cumplir una serie de funciones encaminadas a preparar una superficie adecuada para la aplicación del acabado final del paramento que haya sido diseñado.

Con la limpieza, por ejemplo, se pretende dejar una superficie con ausencia de polvos y arenas así como de cualquier musgo, aceites, pinturas degradadas, desencofrantes, restos de yesos, etc. Se trata de conseguir desprender y eliminar de la misma todo el polvo, la suciedad, escorrentías, eflorescencias, etc. que se han ido acumulando a lo largo del tiempo, produciendo un efecto degradante y antiestético en el revestimiento. Este proceso inicial dejará la fachada preparada para proceder a su restauración y acondicionamiento para otro periodo de tiempo determinado, es decir, proceder a la cosmética de obra.

Limpieza de fachada

Por otro lado el saneamiento de paramentos pretende llegar hasta la base o soporte de los mismos, debiendo poseer la resistencia adecuada. Normalmente los soportes de obra nueva cumplen esta función mientras que en las obras de rehabilitación, cuando el soporte carece de la resistencia adecuada por encontrarse parcialmente degradado, la resistencia puede ser mejorada mediante diferentes técnicas.

Otra función que ha de completar una correcta limpieza y saneamiento de una fachada es la de preparar una superficie con la planeidad necesaria para la aplicación del revestimiento de acabado. Las rebabas que existan en el soporte de espesor superior a un tercio del espesor del revestimiento deberán picarse.

Importante

En paramentos irregulares o con coqueras será necesario aplicar una capa de regulación con un espesor mínimo de 5 mm.

El dotar de rugosidad al soporte es otra función que ha de cumplir un buen tratamiento de saneamiento y limpieza cuando la superficie del paramento sea demasiado lisa (caso, por ejemplo, de hormigón en pilares y cantos de forjado, u hormigón realizado con ciertos encofrados) es imprescindible la preparación del mismo (picado del hormigón o aplicación de puente de adherencia).

Por último se ha de destacar la estabilidad que ha de tener un soporte para la aplicación de un revestimiento. La base debe haber alcanzado la suficiente estabilidad antes de la aplicación del nuevo revestimiento, lo que se consigue, por lo general, al cabo un mes de su ejecución en el caso de los soportes cerámicos, y después de 2 meses en soportes construidos con bloques de hormigón. Asimismo el edificio deberá haber conseguido el necesario asiento en el terreno. Sin embargo, en obra nueva esta condición del soporte no siempre se respeta. En ocasiones, para poder entregar el edificio en la fecha prevista, reducen los retrasos que se han acumulado a lo largo de la obra en la etapa de ejecución de los últimos elementos del edificio (revestimiento). Esta falta de previsión se salda, en un número importante de casos, con la aparición de fisuras en el revestimiento.

6.3. Propiedades

Los materiales que se deben utilizar en el saneamiento y limpieza de paramentos han de cumplir dos propiedades fundamentales: ser inocuos con el soporte existente y no reaccionar con el nuevo revestimiento diseñado.

Se establece que los materiales utilizados en este tipo de tareas han de ser perfectamente inocuos con la fachada y el soporte existentes y no han de reaccionar con el mismo, así, por ejemplo, deberán tener ausencia de sales en soportes antiguos con alto nivel freático o inexistencia de cales en soportes que posteriormente vayan a ser revestidos con mortero.

Otra propiedad que ha de tener un material utilizado en labores de limpieza y saneo de paramentos es que no deberá reaccionar con el nuevo material que se haya proyectado como revestimiento. Esta compatibilidad ha de mantenerse tanto en la reacción directa entre ambos materiales, como en la combinación de los mismos con la actuación de los agentes climatológicos que le afecten.

Se ha de tener en cuenta en este aspecto no solo las fechas de realización de los trabajos, sino todos los ciclos climatológicos, ya que se pretende que el paramento tenga perdurabilidad.

7. Equipos para saneamiento y limpieza de soportes para revestimiento

En los casos en los que se sanea y limpia un paramento o fachada o se protegen las mismas, las condiciones de la superficie existente sobre la que se aplican los materiales de reparación y/o protección son de gran importancia para la durabilidad de los trabajos. La persistencia del revestimiento en el tiempo se verá seriamente dificultada si la adherencia entre el material de revestimiento aplicado y la superficie existente es insuficiente.

En general, es imprescindible que la superficie de contacto sea sana y que todo elemento extraño que pueda afectar o perjudicar la adherencia, sea eliminado.

Hay varios grupos de métodos apropiados para esta preparación de la superficie:

- Métodos manuales.
- Métodos mecánicos.
- Métodos térmicos.
- Métodos químicos.

7.1. Selección

Para la selección del método de saneamiento y limpieza más indicado se debe tener en cuenta la situación, la superficie, y el espesor del revestimiento a eliminar, además del tipo y posición del daño en el soporte base. Los distintos métodos existentes tienen en común el mejorar la adherencia de los materiales empleados.

Además, el soporte sobre el que se aplique también será influyente en la elección del mismo, siendo fundamental el conocimiento de la resistencia a tracción, su grado de humedad, su temperatura, su rugosidad y su porosidad.

7.2. Comprobación y manejo

Para el saneamiento de soportes previamente a la aplicación del revestimiento final, los utensilios que se emplearán fundamentalmente serán herramientas manuales. En ocasiones pueden acompañarse de sistemas de proyección de agua o aire. Estos sistemas se hacen esenciales en la limpieza de fachadas.

En el manejo de los mencionados sistemas de proyección de agua o aire debe fijarse previamente la presión de trabajo que se utilizará en función, no solo del soporte base del nuevo revestimiento, sino también del efecto y alcance que se pretenda con la actuación.

Para el manejo de estos equipos se debe atender especialmente al motor de los mismos, existiendo eléctricos, movidos por un generador, con motor hidráulico, con motor de gasolina y con motor de gasoil.

Por último se han de destacar los diferentes complementos que disponen estos equipos: cabezal arenador en lanzas, cepillos, etc. Ha de comprobarse que se disponen de los idóneos para realizar los trabajos.

Consejo

En cada caso se debe realizar una comprobación previa para poder dar servicio continuado al motor de forma ininterrumpida durante la duración de los trabajos.

8. Ejecución de tratamientos de saneamiento

Los tratamientos que pueden aplicarse a un revestimiento son muy variados, y dependerán tanto del material que componga el soporte, como del tipo de solicitación que afecte a este y del efecto que se pretenda mediante su aplicación.

La aplicación de aditivos a morteros, bien en su masa, bien en su amasado, o posteriormente aplicados de forma superficial, puede realizarse para conseguir efectos de aceleración del fraguado, de fluidificación, de reducción de agua, etc.

Dos efectos pretendidos en el saneamiento de fachadas serán el evitar la aparición de mohos y hongos que puedan afectar a la resistencia del paramento, e impedir la entrada de agua hasta el soporte base. Para el primero de los objetivos se emplearán los fungicidas, mientras que para el segundo se utilizarán los impermeabilizantes. Se detalla a continuación cada uno de ellos.

8.1. Fungicidas

Los fungicidas son sustancias tóxicas que se emplean en construcción para impedir el crecimiento o eliminar los hongos, bacterias, gérmenes y mohos perjudiciales tanto para los revestimientos y acabados como para el hombre.

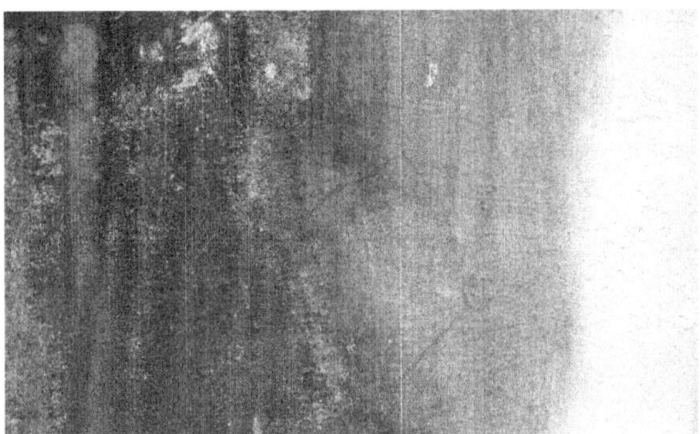

Fachada con crecimiento de moho

Todo fungicida por muy eficaz que sea al utilizarlo puede llegar, si se emplea en exceso, a causar daños al soporte y al operario encargado de realizar su aplicación.

Nota

Como todos los productos químicos empleados en construcción debe ser utilizado con precaución para evitar cualquier daño a la salud humana, a los animales y al medio ambiente.

Los fungicidas pueden ser aplicados mediante su rociado, su pulverizado con equipos de pulverización, por revestimiento mediante su extendido en la superficie a tratar, o por la fumigación de los locales. Materiales como maderas y cueros serán impregnados o tignados.

Los fungicidas se pueden clasificar según su modo de acción, su composición, y su campo de aplicación.

Fue a principios del siglo XX cuando comenzaron a emplearse los fungicidas, siendo el yoduro potásico el primero en utilizarse. Posteriormente entre los años 40 y 50 empezaron a emplearse los tratamientos tópicos con función exfoliante y queratolítica aunque con un débil poder antifúngico. En los años siguientes se comercializaron los fungicidas de uso tópico y sistémico (tolnaftato, haloprogina, griseofulvina, imidazoles, inhibidores de la síntesis de pirimidinas y polienos).

Ya en los años 90 se añadieron a los productos fungicidas los triazoles, destacando el itraconazol (primer fungicida oral con actividad sobre una gran variedad de hongos).

Actualmente los estudios continúan y siguen apareciendo nuevos productos fungicidas como el voriconazol, la caspofungina, etc.

8.2. Impermeabilizantes

En muchos casos la misión primordial del revestimiento es la de impedir el paso del agua y proteger el soporte del posible acceso de esta. Un mortero compacto y homogéneo, como consecuencia de una adecuada granulometría, dosificación del cemento y plasticidad, puede ser impermeable y tener una elevada resistencia a la penetración del agua capilar, pero en muchos casos no es suficiente la impermeabilidad que se obtiene con el aumento de la compacidad, homogeneidad y riqueza del mortero, y se hace preciso el recurrir a productos que mejoren sus características impermeabilizantes.

Los impermeabilizantes se clasifican en dos grupos: de masa y de superficie. Los primeros se añaden al mortero durante el amasado y entre ellos se distinguen los siguientes:

- Materiales muy finos de relleno, como por ejemplo cemento, pero se tiene el peligro de fisuración y resulta más costoso al tiempo que no se logra reducir la absorción capilar.

- Sales inorgánicas de ácidos grasos. Son impermeables y reducen la capilaridad.
- Aceites minerales.

Nota

En el mercado existe una amplia gama de productos impermeabilizantes, en forma de líquido o en polvo que se emplean para toda clase de impermeabilizaciones, como en paredes, techos, sótanos, canalizaciones, piscinas, depósitos, etc.

Según sea la presentación del producto impermeabilizante se añade al conglomerante del mortero o al agua del amasado. La dosificación de adición a emplear la proporcionará el propio fabricante, quien además indicará la conveniencia del conglomerante a utilizar e incluso el modo de confeccionar el mortero con la adición, así como el empleo preferente de este.

Hay que tener presente que los impermeabilizantes pueden ser de fraguado normal o de fraguado acelerado, lo cual es muy importante conocer antes de su empleo.

Existen impermeabilizantes superficiales que se utilizan para el curado de morteros frescos expuestos a la desecación y evaporación, o bien para la conservación de los mismos. Suelen ser líquidos a base de siliconas para la impermeabilización superficial e incolora de materiales porosos en fachadas y paredes exteriores que repelen totalmente el agua, actuando en profundidad variable según la porosidad del soporte y cuya aplicación se hace una vez terminado el revestimiento.

En algunas ejecuciones como tuberías de saneamiento, depósitos de agua, canales de distribución, etc., además de necesitarse hormigones con buenas resistencias mecánicas es fundamental que estos sean también impermeables, con la finalidad de impedir que el agua los atraviese.

Recuerde

Los impermeabilizantes pueden ser de dos tipos, bien de masa añadiéndose al mortero durante la fabricación y amasado del mismo o bien de superficie aplicándose de forma posterior a la ejecución del revestimiento proyectado.

Por otro lado, en construcciones en continuo contacto con el agua o con terrenos húmedos, es una buena práctica constructiva que el revestimiento impida que el agua ascienda por él, empleando los conductos capilares para tal fin.

Se pueden considerar dos tipos de aditivos para adecuados:

- Los reductores de penetración de agua, que aumentan la resistencia al paso del agua a presión sobre un material que ya se encuentra endurecido.
- Los hidrófugos, que disminuyen la absorción capilar o el paso de agua por un material que se encuentre ya saturado de agua.

Ambos aditivos suelen solapar sus efectos por lo que pueden emplearse conjuntamente.

Actividades

5. Explicar brevemente en qué consiste un tratamiento impermeabilizante de fachadas y los tipos que existen.

9. Ejecución de tratamientos de limpieza

Se definen a continuación una serie de tratamientos de limpieza de paramentos y fachadas que se desarrollan hoy en día de una manera previa a la aplicación de cualquier elemento de revestimiento, o simplemente sobre superficies revestidas de forma correcta, pero con suciedad superficial producida por la polución o por los efectos climatológicos.

9.1. Lavado

Consistirá en la impregnación mediante agua limpia sobre el paramento a limpiar con el objetivo de eliminar el polvo y la suciedad existente en la superficie y de reblandecerla, así como desprender las posibles eflorescencias de su soporte.

9.2. Cepillado

Tras el lavado se procederá al cepillado manual de la superficie con cepillo de cerdas de nailon, cobre o latón en función de la resistencia y composición del soporte con intención de no deteriorar el material, ayudándose con un aclarado abundante con agua limpia que retirará los restos del cepillado.

Este procedimiento es poco agresivo y se obtienen buenos resultados sobre los materiales frágiles.

Sabía que...

Su empleo ha disminuido considerablemente por el bajo rendimiento y la implantación de nuevas técnicas, aunque en algunos países europeos es el único sistema permitido para la restauración de monumentos históricos.

Cepillos de cerdas de diferentes tipos

9.3. Raspado

El raspado de la superficie antes de la aplicación del acabado final se hace fundamental en procesos o trabajos de carpintería previos al barnizado de acabado, en revestimientos de yeso en los que se tratará de eliminar los sobrantes, y en el perfilamiento de los planos de las molduras.

Otra superficie que deberá ser raspada antes de la aplicación del revestimiento final serán los paramentos que vayan a ser pintados. En estas superficies los restos de pinturas previas desprendidas y en mal estado deberán retirarse mediante el raspado manual de la superficie ayudándose de una espátula metálica.

Espátula metálica

Sabía que...

Si una superficie no es raspada y saneada antes de ser pintada, la pintura puede desprenderse en un futuro próximo.

9.4. Lijado

Consiste en provocar la erosión de la superficie a revestir mediante el rozamiento con piedras, discos de lija, o de otros materiales de alta dureza con los que se produce la eliminación de las partes blandas de la superficie a revestir, en especial de la lechada de cemento.

Las aristas de los áridos en enfoscados quedan también limadas de manera que se obtiene una superficie lisa con poca rugosidad.

Las aristas de los áridos serán las líneas que delimitan al árido que compone el revestimiento en enfoscados.

Nota

Al proceder las arenas fundamentalmente de río estas vendrán redondeadas o limadas debido a la erosión sufrida en su creación.

9.5. Chorreo de aire caliente

El método del chorreo de aire caliente para preparación de soportes consistirá en la aplicación de aire caliente mediante el empleo de equipos a presión sobre la superficie a preparar.

En este método se ha de trabajar con especial rapidez con el único objetivo de intentar evitar el riesgo de producir graves choques térmicos, fundamentalmente en materiales frágiles. Además, el método tiene claras ventajas como la de no tener acción abrasiva sobre el soporte, no deteriorar las aristas de los mismos, y el de tener un gran espectro de aplicaciones al poder regular tanto la presión como la distancia respecto al revestimiento de fachada.

En contraposición cabe decir que este método tiene un gran consumo de energía y presenta especial dificultad en la limpieza de superficies en las que la suciedad se encuentra fuertemente incrustada.

Aplicación práctica

Como encargado de obra deberá indicarle al operario, quien realizará la limpieza de un paramento de enfoscado de mortero de cemento con manchas de aceite y grasas, las tareas que deberá llevar a cabo para una correcta ejecución.

SOLUCIÓN

Deberá comenzar la actuación con un raspado de la superficie con espátula metálica eliminando cualquier tipo de contaminante que se haya podido adherir al paramento. Posteriormente el operario cepillará el soporte y aplicará desengransante en las zonas manchadas de aceite y grasas que serán cepilladas para su correcta eliminación. Terminado este proceso se procederá a una limpieza superficial con equipo de aire a presión dejando el soporte en perfectas condiciones de adherencia para la posterior aplicación de un acabado.

9.6. Chorreo de agua

El método de limpieza de chorreo de agua consiste en la impulsión de un chorro de agua a una presión de 10 a 35 MPa mediante el que se eliminan las partículas sueltas del soporte, el hormigón que se encuentre escamado, y las capas de vegetación. Este método no se utilizará para el desbastado de paramentos de revestimiento compactos.

Una ventaja que presenta el chorro de agua con respecto al de arena proyectada es que no producirá polvo, en su contra, la recogida de partículas sólidas o disueltas en el agua debe realizarse en un depósito donde se depositen los sedimentos.

Un método más avanzado será la utilización de chorros de agua a alta presión. En estos métodos la presión del chorro alcanza de 35 a 300 MPa. El efecto del chorro de agua aumenta cuando aumenta la presión. La alta presión del chorro de agua es muy eficaz en zonas blandas de la superficie del revestimiento (nidos de grava, fisuras y estratos sueltos). Con esta presión es imposible obtener un desbastado uniforme de la superficie sin causar coqueras por lo que se deberá acompañar de un repaso posterior.

Definición

Coquera
Es una oquedad o agujero que presentan algunas piedras y que perjudica a su resistencia. También se aplica para designar las oquedades producidas al fraguar los morteros y hormigones.

Por último también se emplea la hidrodemolición. La utilización de este método es creciente. Con una presión de más de 300 MPa, el chorro de agua es capaz de penetrar profundamente en el revestimiento a limpiar e incluso de producir hendiduras en él. La hidrodemolición está básicamente libre de vibraciones.

Con este método se produce una penetración profunda de la humedad en el soporte. Cuando se añade arena de cuarzo al chorro se puede cortar incluso hormigón de alta resistencia sin polvo ni vibración.

Limpieza con agua a presión

9.7. Chorreo mixto agua-abrasivo

Este sistema consiste en la proyección sobre la superficie a preparar de una mezcla de agua y arena de sílice a presión, produciendo la limpieza de la misma. El equipo se forma por un depósito o tolva donde queda almacenada la arena, un dispositivo de proyección a base de manguera, y una boquilla o pistola.

Un compresor situado cerca de la aplicación bombea aire a presión, arrastrando los áridos y proyectándolos a través de la boquilla controlada por el operario junto con el agua.

La arena decapa la superficie de los materiales a limpiar y el agua reblandece y se lleva la suciedad. El acabado final suele presentar un aspecto rugoso, y es muy importante que los operarios que efectúen la proyección sean experimentados.

Es un método altamente expeditivo en todo tipo de materiales y puede graduarse su efectividad en función del grueso del grano de arena y de la distancia de la pistola al revestimiento de fachada. La presión a la que trabajan las máquinas de proyección está entre las 1 y las 3 atmósferas, y el tamaño de los áridos suele estar entre 2 y 3 mm.

9.8. Decapado

El decapado es un tratamiento que se realiza en superficies metálicas y cuyo objetivo es el de eliminar impurezas como manchas, contaminantes inorgánicos, herrumbre, óxidos o escoria de aleaciones de metales ferrosos, cobre y aluminio.

Nota

Los trabajos realizados con equipos a presión han de realizarse con personal cualificado y experimentado. Según cada revestimiento y grado de ensuciamiento la presión de aplicación variará, así como la distancia al paramento. Las pulverizaciones deben ser de corta duración.

Para su ejecución se utiliza una solución denominada licor de pasivado, que contiene ácidos fuertes para poder remover impurezas superficiales.

Generalmente se utiliza para eliminar escoria o limpiar aceros en los elementos constructivos metálicos antes de realizar otras operaciones como soldaduras, pinturas, etc.

Aplicación práctica

Se inicia la ejecución de una tarea en una vivienda en la que se eliminará una zona de empapelado realizando los trabajos que se indican a continuación. Deberá detectar los errores en el planteamiento desarrollado:

1. **Implantación del tajo de trabajo en la vivienda disponiendo los medios auxiliares que se necesiten.**
2. **Raspado de la superficie empapelada mediante espátula metálica.**
3. **Acumulación en una misma zona de los materiales que se generen.**

Continúa en página siguiente >>

<< Viene de página anterior

4. **Retirada de los materiales de deshecho.**
5. **Lijado de la superficie eliminando restos de pegamento.**
6. **Ejecución del nuevo empapelado.**

SOLUCIÓN

En la planificación que se plantea existen dos tareas que se han obviado y resultan fundamentales para una correcta ejecución de los trabajos. Estas tareas son el repasado de la superficie en la que se halla retirado el empapelado para corregir las posibles fisuras o manchas que existan y un limpiado de la zona de trabajo de forma que esta se encuentre en perfecto estado para su recepción por parte del propietario.

Actividades

6. Indicar los procedimientos de limpieza de paramentos que conoce.

---

10. Ejecución de tratamiento de contornos

El contorno de un paramento es la línea envolvente que determina su forma y la separa de los paramentos colindantes, pudiéndose apreciar una superficie interior a los mismos y otra superficie externa a ellos, por ejemplo, las molduras de escayola sirven para separar los paramentos verticales de los horizontales de una estancia.

De la misma manera que los revestimientos se emplean para cubrir los posibles desperfectos existentes en el soporte de un paramento, además de para protegerlos de las inclemencias meteorológicas y para mejorar su aspecto estético, el correcto tratamiento de los contornos servirá para tapar las imperfecciones en las uniones de los revestimientos, bien por una defectuosa ejecución del soporte base, o bien por una incorrecta realización del acabado.

Importante

Los tratamientos que pueden dársele a los contornos son muy variados y deben preverse al comienzo de los trabajos de revestimiento de los paramentos.

Se destacan dos técnicas a aplicar sobre los contornos: el enmascaramiento y la cubrición.

10.1. Enmascaramiento

El enmascaramiento tratará, como su propio nombre indica, de enmascarar el contorno del soporte a tratar ocultando las posibles deficiencias con un revestimiento compatible con el material que compone la base del acabado que se pretenda ejecutar según las indicaciones de proyecto.

Esta técnica trata de disimular o disfrazar el paramento base sin atacarlo o perjudicarlo, aplicando materiales afines al mismo y por supuesto, también en consonancia con los materiales previstos para el posterior acabado.

10.2. Cubrición

La técnica de cubrición en arqueología es un procedimiento de protección de los yacimientos arqueológicos. Este método se realiza con una pulverización previa de la zona con un herbicida de forma que no se puedan reproducir las semillas depositadas en el suelo de la excavación. Tras esto se coloca un material geotextil como protección, y finalmente se le añade un árido o arena de río lavada hasta cubrir toda la excavación.

En preparación de soportes para su posterior revestimiento o acabado, la cubrición de estos puede ejecutarse con materiales plásticos durante las fechas previas a la aplicación del revestimiento, con el objeto de que el soporte no experimente la pérdida de agua o humedad y así no afecte a la consistencia o resistencia del mismo.

Recuerde

El enmascaramiento trata de disimular u ocultar el paramento base mientras que la técnica de la cubrición tratará de protegerlo hasta la aplicación del revestimiento final.

Momentos anteriores a la aplicación del revestimiento sobre el paramento es cuando debe retirarse la cubrición, de forma que la función que realizaban los materiales de cubrición sea sustituida por los nuevos revestimientos a aplicar.

Aplicación práctica

Se comienzan los trabajos de cubrición en un paramento que tras un tiempo será finalizado con un material de revestimiento. A continuación se enumeran las tareas a realizar:

1. **Se definirá la zona de actuación con el técnico encargado de llevar la dirección de obra o bien con la propiedad.**
2. **Una vez definida la misma se procederá a su medición.**
3. **Se estimarán los medios auxiliares que serán necesarias emplear en la ejecución de esta tarea.**
4. **Se procederá a la cubrición del paramento protegiéndolo con materiales plásticos y resguardándolo de las inclemencias meteorológicas, por lo que se evitará que la pérdida o adición de agua o humedad pueda afectar a la resistencia del mismo y por consiguiente a su posterior adherencia.**

Identifique los errores en esta serie de tareas.

Continúa en página siguiente >>

<< Viene de página anterior

SOLUCIÓN

Antes de iniciarse la colocación del material de cubrición se deberán instalar correctamente los medios auxiliares planteados. Esta tarea deberá realizarse entre las acciones 3 y 4. Además una vez finalizada la protección del paramento deberán quitarse los medios auxiliares que se hayan utilizado en la ejecución de los trabajos y limpiarse la zona de trabajo.

---

11. Relaciones del saneamiento y limpieza de soportes con otros elementos y tajos de obra

En la realización de las tareas de saneamiento y limpieza de fachadas existen distintas interferencias con otros elementos y tajos de obra que pueden condicionar la ejecución de las mismas.

En primer lugar se ha de destacar la existencia de instalaciones eléctricas, de alumbrado público, o telefonía, fundamentalmente en los trabajos a realizar en fachadas. En estos casos la colaboración con las compañías suministradoras se hace fundamental, más si cabe sabiendo que dichas instalaciones, su mantenimiento y la actuación en ellas pertenecen a cada compañía suministradora y debe ser esta la encargada de realizar las actuaciones que le afecten.

Otra tarea que se encuentra estrechamente vinculada con el saneo y limpieza de paramentos son las labores de carpintería y cerrajería, ya que cuando se inician trabajos de reparaciones de fachadas se suelen sustituir dichos elementos.

Además, en los saneos de fachadas la reparación de los anclajes de las cerrajerías también se realiza, siendo en ocasiones necesario coordinar los trabajos de los operarios que sanean la fachada con los del oficial herrero para la correcta reparación de la cerrajería dañada, incluyendo sus garras de anclaje y nuevos elementos de sustentación.

Deben evitarse los solapes de actuaciones en las verticales donde se realicen los trabajos con tareas simultáneas de albañilería o revestimiento en niveles inferiores, por lo que estos deben acometerse previamente a la limpieza o posterior al saneo del paramento.

Por último han de destacarse los trabajos de pintura. Estos trabajos se deben realizar siempre en una fase posterior al saneo y estrechamente vinculados a la limpieza, ya que una de las tareas previas, incluso realizada por los mismos operarios pintores, es la de la limpieza del soporte previamente a la aplicación del acabado.

Cableado y alumbrado público en fachada

12. Manipulación y tratamiento de residuos. Defectos de ejecución habituales: causas y efectos. Riesgos laborales y ambientales. Medidas de prevención

Se centra el presente apartado en la manipulación y tratamiento de residuos en la ejecución de tareas de saneamiento y limpieza, posteriormente se acometerán los defectos de ejecución más habituales incidiendo en su causas y efectos, y por último, y no por ello menos importante, se tratarán los riesgos laborales y ambientales que existen en la ejecución de estas actividades así como las medidas de prevención a llevar a cabo.

12.1. Manipulación y tratamiento de residuos

En las últimas fechas la preocupación por la incidencia en el medio ambiente y en la salud de los trabajadores ha aumentado debido a los problemas que crean los residuos. La práctica ha manifestado que para conseguir un correcto manejo de los residuos la necesidad de una infraestructura adecuada es fundamental, ya que facilita la toma de las acciones necesarias.

Sabía que...

Tal como establece el Real Decreto 105/2008, de 1 de febrero, por el que se regula la producción y gestión de residuos de construcción y demolición, en todos los proyectos de obras de construcción y demolición tiene que hacerse un estudio con la estimación de los residuos que se generarán.

Una adecuada gestión será la que contemple todos los procesos de generación, manipulación, acondicionamiento, almacenamiento, transporte, nuevo almacenamiento y tratamiento final de residuos sin provocar ni al medio ambiente ni a los seres vivos ninguna afección de sentido negativo, además de realizarse con un coste reducido.

En trabajos de preparación de soportes para revestir se puede establecer que los residuos que se generan son los motivados por:

- Los procesos de fabricación o mezcla inmediata a su empleo.
- Los envases vacíos.
- Los derrames accidentales.

Por esto el generador deberá tener en cuenta:

- La formación de los aplicadores debe ser continua.
- Ha de conocerse la normativa que afecta a la actividad.
- La composición de los revestimientos empleados debe ser conocida, disponiéndose de las fichas técnicas.
- Ha de calcularse el material necesario para cada actuación.
- El trabajo debe ser perfectamente planificado con objeto de evitar limpiezas y restos innecesarios.
- Se debe estar informado de las innovaciones ecológicas en cuanto a aplicación que aparezcan en el mercado.
- Nunca debe verterse en desagües ningún revestimiento que tenga agua como disolvente.
- Se ha de disponer de un plan de gestión de residuos que cuantifique la cantidad de residuos que se generan en cada momento.
- Ha de comprobarse que el revestimiento que se va a emplear es el idóneo para el trabajo que se quiere realizar y que no existe otro menos contaminante.
- Se ha de procurar la menor cantidad de disolvente aromático.
- De manera general:
    - No se abrirán nuevos envases sin finalizar los anteriores, aprovechándolos al máximo.
    - Se evitarán derrames.
    - No se mezclará cualquier producto.
    - Se mantendrán tapados los recipientes el mayor tiempo que permita la actividad de revestido.
    - Se calculará el revestimiento necesario para cada trabajo.

Sabía que...

El Consejo Superior de Arquitectos de España (CSCAE) y el Consejo General de la Arquitectura Técnica de España (CGATE) han editado una guía con la estimación de las ratios nacionales de generación de residuos de construcción y demolición, generando una serie de tablas parametrizadas que puedan servir de ayuda y orientación para calcular las ratios de RCD susceptibles de generarse en una obra de construcción o demolición para las diferentes grandes regiones climáticas.

Aplicación práctica

Suponga que es el nuevo encargado de una obra de rehabilitación de una vivienda. En su primera visita a la obra se encuentra con varios sacos de cemento abiertos repartidos por varias dependencias; cerca de la hormigonera, que está en funcionamiento, un bidón de aditivo abierto y varios cubos llenos de mezcla seca del día anterior. ¿Qué medidas debe tomar?

SOLUCIÓN

Se observa que hay una desorganización en el tajo y que los trabajadores no planifican bien el trabajo provocando un exceso de material de revestimiento que se va a quedar como residuo en la obra. Hay que optimizar y planificar bien los trabajos para que no sobre material.

Por otra parte, la hormigonera funcionando provoca vibraciones que puede hacer que se caiga el bidón, provocando un vertido de aditivo en el suelo de la obra, pudiendo provocar otros daños diferentes. Los envases de líquidos deben estar bien cerrados y en lugar seguro.

No se deben abrir envases sin que se hayan terminado los anteriores y en esta obra hay varios sacos abiertos repartidos por las dependencias anteriores.

12.2. Defectos de ejecución habituales: causas y efectos

Dos son los defectos de ejecución que destacan en acabados dentro de los más habituales: la aparición de grietas y/o fisuras y los desprendimientos de la superficie de acabado.

Grietas y/o fisuras

Existe una diferencia entre grieta y fisura: las fisuras son aperturas longitudinales que afectan a la capa exterior del revestimiento, en cambio, las grietas son aperturas de mayor grosor y profundidad que afectan a todo el espesor del paramento o elemento constructivo.

Grieta en remate

Las fisuras se generan por desplazamientos de los distintos materiales que componen el elemento constructivo.

Nota

Estos desplazamientos pueden ser producidos por causas mecánicas, químicas o higrotérmicas.

Si los materiales que conforman un determinado elemento constructivo tienen movimientos equivalentes en cuanto a tipo y magnitud no habrá incidencia que afecte al conjunto, en cambio, si trabajan de distinta forma terminan produciéndose las fisuras.

Según lo expuesto, las diferentes **causas** que pueden dar origen a grietas y fisuras son:

- **Acciones mecánicas.** Se diferencian dos tipologías: una proveniente del movimiento de la estructura de apoyo, y otra generada por el mismo cerramiento. En ambos casos se manifestarán en los revestimientos aunque puedan darse otras patologías. La acción de la estructura de apoyo tiene también dos vías de acción, la primera, que consistirá en estabilizar el desplazamiento de la estructura de apoyo mediante la intervención en la misma (análisis de esfuerzos, estudio de flechas, revisión de cimentación, etc.), y la segunda vía, creada por movimiento elástico en la que se impedirá el contacto entre cerramiento y la estructura de apoyo del mismo. En cuanto a las producidas por el movimiento del propio cerramiento podrá actuarse con la inclusión de juntas verticales que amortigüen los movimientos de los elementos en cuestión.
- **Errores del proyecto.** Se dividirán como origen indirecto y crearán diferentes tipos de grietas. De cualquier forma, su naturaleza permitirá la acción sobre ellas. Para los casos de juntas constructivas deficientes por la unión de distintos elementos se habrán de señalar juntas que los diferencien, y posteriormente, deberán ser tapadas con algún tipo de tapajuntas. Cuando sean elementos ajenos y distintos entre ellos la independencia puede hacerse mucho más evidente.
- **Defectos de los materiales de ejecución.** Para el caso derivado de un defecto en los materiales usados no se tiene más remedio que el reemplazo del elemento en cuestión y, por tanto, habrá que volver a ejecutar el revestimiento afectado.

Recuerde

Las fisuras son pequeñas aperturas que afectan únicamente a la capa de revestimiento mientras que las grietas son de mayor grosor y profundidad afectando a todo el espesor del paramento o elemento constructivo, es decir, tanto al revestimiento como al propio soporte base.

En cuanto a los **efectos** producidos por fisuras o grietas se destacan los siguientes puntos:

- Si la fisura es la representación de la grieta de la estructura de apoyo su arreglo se realizará a la vez que esta. Además deberá delimitarse hasta donde se repondrá el acabado dependiendo de la integridad de este (se pretende que no existan zonas con revestimiento de insuficiente resistencia) y se deberá conseguir que el arreglo esté en concordancia con juntas o líneas de modulación que permitan encubrir la reparación y no dañe el aspecto del edificio.
- Si las fisuras se repiten en la superficie y se deben a la ejecución del revestimiento se valorará e identificarán varios casos:

  - Si la adherencia es el problema y es producida por una incorrecta preparación de la superficie donde apoyará el revestimiento, deberá demolerse toda la superficie y reponerse.
  - Si la falta de adherencia se debe a insuficiente rugosidad de la superficie de soporte, deberá provocarse esta para evitar posibles desprendimientos.
  - Si las fisuras se producen por el afogarado de la mezcla debido al insuficiente curado del mortero y las fisuras están suficientemente estabilizadas, deberán taparse las fisuras con un nuevo revestimiento que podrá ser pintura o revoco.
  - En caso de que la causa de las fisuras sean variaciones de humedad del soporte deberá demolerse toda la zona perturbada y reponerse posteriormente, de manera más aconsejable, con morteros de resinas

acrílicas. También es correcto el empleo de pinturas elásticas armadas que cubran las fisuras y absorban los movimientos.

Aplicación práctica

Es solicitado por la propiedad de la obra para analizar unas rajas que, según dicen, han aparecido durante la ejecución de las obras que están realizando en la vivienda colindante. Deberá indicar el proceso y las comprobaciones que debe realizar en dicha visita.

SOLUCIÓN

En un primer momento habrá que diferenciar si se trata de una grieta o una fisura viendo si el soporte se encuentra afectado. Si se tratase de una grieta, las reparaciones a realizar deberán hacerse una vez eliminadas las causas que originaron las grietas, si fuese posible mediante llaves, recalces, etc. En caso contrario los desperfectos continuarán una vez realizada la reparación superficial. En el caso de que se trate de fisuras deberá estimarse su origen, atendiendo a problemas de adherencia en la ejecución, afogarado de la mezcla, falta de adherencia por insuficiente rugosidad de la superficie, etc. En el momento en que se acometa la actuación se deberá determinar la zona afectada picándola en toda su extensión y rehaciéndola solventando los problemas que las provocaron.

Actividades

7. Definir las diferencias que existen entre grietas y fisuras.

Desprendimientos

El desprendimiento de los revestimientos dependerá del acabado que se realice en el paramento. No tendrán los mismos orígenes si se trata de paramentos enfoscados, guarnecidos o pintados.

A continuación se relacionan, en función del tipo de acabado realizado, sus posibles orígenes o causas y las formas de actuación en cada caso:

- **Enfoscados y revocos.** El comienzo de la lesión en estos tipos de acabados es muy heterogéneo y al tratarse de un revestimiento continuo, su arreglo, en casi todas las situaciones, consistirá en la demolición de toda la zona afectada y su posterior reparación. De todas las maneras es muy importante saber con toda la exactitud que sea posible el origen, y anular la causa con el objetivo de adoptar la solución más acertada. Para esto se cuenta con diferentes alternativas que se pueden destacar como:

  - **Dilatación-contracción:** se actuará introduciendo elementos que señalen las juntas de retracción sobre la capa de revestimiento, tanto en estado plástico con llagueros, como en estado endurecido con sierras de disco manual. Además se añadirán bandas de tela o papel, o perfiles de acero en forma de "U".
  - **Movimientos del soporte:** en este caso es muy necesario saber qué juntas producen el movimiento. Si esto no fuese posible se realizarán de forma intuitiva. En todos los casos estas juntas taparán los movimientos y disminuirán el esfuerzo rasante. En los puntos en los que su aparición sea más frecuente es aconsejable no rehacer el revoco y cambiarlo por un aplacado o chapado en el que se puede establecer mayor separación entre soporte y revestimiento.
  - **Dilatación de los elementos infiltrados:** en estos casos deberá reseñarse el origen de la infiltración, procediendo en su eliminación. Una reposición total del revestimiento puede ser innecesaria, por lo que, dependiendo del alcance, se podrá reparar parcialmente la zona afectada y encajarla entre juntas que permitan su paso de forma disimulada.
  - **Defectos de ejecución:** la falta de rugosidad en el soporte, de limpieza, o de humectación antes de iniciar la elaboración son los defectos que harán obligatorio una actuación en el revestimiento ejecutado, por ejemplo, en el caso de falta de rugosidad esta se mejora con la utilización de mallas metálicas o plásticas armando el revestimiento y aumentando a la vez la adherencia del apoyo.

Desprendimiento de enfoscados

- **Guarnecidos y enlucidos.** Como este tipo de revestimiento es muy parecido a los enfoscados y revocos, la metodología que se ha de llevar a cabo para reparar los paramentos revestidos de esta forma son las mismas que las ya comentadas, no obstante, hay que significar que entre ambos casos la falta de grandes movimientos dimensionales los diferencia, por lo que se podrá escatimar en el caso de guarnecidos y enlucidos en juntas de retracción.
- **Pinturas.** En las pinturas el arreglo de los efectos se expandirá en todo el paramento afectado, esto es, que el raspado de pintura se realizará en toda la superficie afectada no únicamente en las zonas más deterioradas. No obstante se deberán saber algunas de las causas de su procedencia:
    - **Retracción de la capa de pintura:** previamente a la realización del pintado se deberá comprobar la compatibilidad entre el soporte existente, la pintura proyectada y la acción de los agentes meteorológicos.
    - **Variación dimensional del soporte:** en soportes con algún tipo de elasticidad existe gran posibilidad de movimientos, como es el caso de maderas, metales o plásticos. En estos supuestos se aconseja emplear pinturas también elásticas que permitan absorber los movimientos generados en el soporte. La madera al ser muy heterogénea es el elemento más conflictivo.

- **Dilatación de elementos infiltrados:** de la misma manera que en casos anteriores, antes de iniciar el resarcimiento del paramento han de descubrirse las zonas de infiltración y eliminarlas.
- **Errores de ejecución:** retirada la capa en mal estado se iniciará según indicaciones de aplicación. Puede necesitarse secados acelerados con medios mecánicos, imprimaciones de limpieza, etc. que variarán en función del soporte y de la pintura.

12.3. Riesgos laborales y ambientales. Medidas de prevención

En los trabajos de saneamiento y limpieza de paramentos debe prestarse especial atención en lo referente a prevención de riesgos laborales en las medidas de seguridad a cumplir en el empleo de los medios auxiliares a utilizar, como pueden ser los diferentes tipos de andamios, escaleras de mano, plataformas de trabajo, etc., sin olvidar las protecciones colectivas (barandillas, plataformas voladas, redes, etc.).

En general, siempre que exista riesgo de caída en altura, los trabajadores deberán utilizar el arnés o un cinturón de seguridad amarrado a un punto fijo o a una línea de vida.

Ha de tenerse además en cuenta la posible afección de los trabajos a terceros por lo que las zonas comprometidas por la obra deberán señalarse y acotarse convenientemente mediante vallas, marquesinas de protección de caída de objetos, lonas antipolvo, señalizaciones, etc., para lo que deberán obtenerse las correspondientes licencias municipales.

En cuanto a los riesgos ambientales producidos en los trabajos de saneamiento y limpieza de soportes en su preparación para el revestido serán la generación de polvo y ruido los más habituales.

Para la eliminación del polvo generado en estos trabajos se mojarán los restos eliminándose de esta forma su formación, por otro lado, en el transporte de residuos en obra se emplearán tolvas de transporte y cubetas debidamente tapadas con lonas antipolvo de una manera lo más hermética posible.

En cuanto a los ruidos en los trabajos de saneamiento, cabe decir que tienen menor posibilidad de eliminación al realizarse fundamentalmente mediante el picado con herramientas manuales del paramento a tratar, no obstante, en caso de realizarse el mismo con equipos de aire o agua a presión, se tratarán de seleccionar aquellos que su incidencia acústica sea inferior a la permitida.

Tolva de evacuación de escombros

Aplicación práctica

Se comienzan los trabajos de arreglo de una fachada de una pequeña comunidad de propietarios de tres plantas de altura (baja más dos), englobando las siguientes operaciones:

1. **Determinación de la zona de trabajo y tipo de tareas a realizar en la fachada.**
2. **Instalación de los medios auxiliares necesarios para la ejecución de los trabajos.**
3. **Realización de los trabajos.**
4. **Desmontado de medios auxiliares y limpieza de la zona de trabajo.**

Indique qué medidas de prevención se podrán emplear en la ejecución de esta operación enumerándolas de manera correlativa.

SOLUCIÓN

1. Una vez definido el tajo de obra se acotará mediante vallado impidiendo el acceso a la vertical de este, tanto de otros operarios, como de peatones, para lo que también deberán definirse las vías auxiliares.

Continúa en página siguiente >>

<< Viene de página anterior

2. Después de acotado el entorno en el que se realizarán los trabajos se deberán adoptar medidas que impidan la caída de materiales fuera de la vertical. Para ello se emplearán toldos que delimiten el medio auxiliar que se emplee y dirijan los desechos hasta el nivel inferior de los límites previamente marcados.
3. Una vez realizadas estas tareas se deberá justificar que los equipos que se utilicen estén en perfectas condiciones de utilización presentando marcado CE de los mismos y confirmando su estado óptimo.
4. Realizado todo esto ya se está en condiciones de comenzar la tarea.

---

13. Materiales, técnicas y equipos innovadores de reciente implantación en saneamiento y limpieza de soportes

Si cabe destacar una técnica innovadora de reciente implantación en el saneamiento y limpieza de soportes para su posterior revestimiento y en actuaciones de fachadas, es la del empleo del láser.

El interés de los diferentes agentes actuantes en edificación respecto a la investigación y aplicaciones del láser es cada vez mayor, sobre todo si se tiene en cuenta la calidad de los resultados y el reto que supone competir en rendimiento y rentabilidad con otros métodos.

El primer escollo que ha tenido que solventar esta técnica en su lucha con las tradicionales es la de verificar la inocuidad de su actuación con los materiales de construcción, lo que ha conllevado la necesidad de tener consciencia de las características científico - técnicas de los materiales antes y después de su empleo para garantizar su conservación, y por otro lado confirmar que esta técnica se ha ganado por derecho propio y con competencia plena su acceso en este campo de la construcción.

En otro orden de cosas, el imprescindible conocimiento científico y técnico de los operarios encargados de utilizar estos equipos, así como el avance en la tecnología de los mismos, que se ha demostrado muy importante para hacerlas operativas en el trabajo de andamios, hace que se pueda afirmar con certeza que existe una garantía del 100 % de que la actuación llevada a cabo está correctamente realizada y no perjudica de ninguna forma al soporte sobre el que se aplica.

Para esto se precisa comparar con técnicas y análisis científicos el estado del material antes y después de su procesamiento mediante láser, nuevas tecnologías, y técnicas tradicionales para saber el grado de inalterabilidad y confrontar las ventajas de unos y otros procedimientos.

Sabía que...

Los excelentes resultados obtenidos en obras pictóricas y escultóricas por esta técnica han sido el origen de su empleo en restauración y rehabilitación de construcciones.

La primera actuación en restauración reconocida se realizó en el "Portail de la Mère-Dieu" de la Catedral de Amiens (Francia) en 1992.

Este sistema puede emplearse con todos los materiales empleados en construcción: materiales pétreos y leñosos, materiales arcillosos, cerámicos y textiles, o en revestimientos de otros materiales como los elaborados por materiales metálicos y vítreos.

Pero, además, los materiales que constituyen físicamente los elementos constructivos están compuestos, superpuestos e integrados unos en otros (piedras con policromía y pátinas, madera con pintura e imprimaciones, fibras orgánicas tanto de animales como de vegetales con aditivos naturales y materiales mezclantes, vidrieras con pintura y grisalla, metales que se emplean revistiendo a otros metales de diferente naturaleza como estructura de apoyo, metales con procedimientos dirigidos a la protección contra el fuego, papel y tintas de todas las cualidades y edades, etc.) y disponen de particularidades en su forma, textura y volumen que deben mantenerse de forma rigurosa.

Fachada Banco de España (Madrid), restaurada mediante láser

El haz láser dirigido a la superficie a reparar la golpeará en unas billonésimas partes de segundo, el paramento absorberá casi toda la energía, de forma que la radiación se transforme en energía térmica con la capacidad de separar, en forma de vaporizado, la contaminación de la superficie. El efecto será que el soporte base queda limpio de una manera suave y no se produce en él daño alguno, ya que los movimientos son muy cortos y localizados en la zona a limpiar. En la manera que mayor sea la absorción (la propiedad de la capa a retirar de absorber el laser) más fácil será la tarea de limpieza.

Nota

La limpieza mediante el empleo de la tecnología láser va a significar la retirada de una manera suave tanto de la contaminación como de los recubrimientos con luz colimada.

El soporte base, de manera distinta a la capa superficial a limpiar, no absorberá la energía sino que incluso la reflejará de forma que el método de limpieza mediante láser quedará detenido cuando la contaminación haya sido retirada. Debido a las grandes propiedades de reflexión que poseen los metales, cabe decir, que es el material soporte más apropiado para el empleo de esta metodología.

Un millar de impulsos del láser localizados en un punto durante un segundo se distribuirán en la capa contaminada con una técnica especial de difracción del haz. Estos impulsos se desviarán linealmente y se colocarán de forma adyacente creando una línea de limpieza que se podrá mover de forma manual o automática por la superficie a limpiar.

Como consecuencia de una dosificación precisa de estos impulsos, y al ajustarse a los parámetros de la superficie, el material base no quedará dañado.

Ventajas de la tecnología de limpieza con láser:

- Limpieza suave sin residuos.
- Sin uso de abrasivos, ácidos ni detergentes.
- Gran precisión en el posicionamiento y automatización del proceso de limpieza.
- La limpieza se puede realizar sin parar el proceso de producción.
- Gran repetitividad del proceso.
- Alta rentabilidad debido a los cortos tiempos de preparación y bajos costes de residuos.
- Posibilidad de aplicación manual.
- Gran flexibilidad.
- Tecnología de uso industrial probado.

Las metodologías para limpiar mediante láser presentan muchas ventajas ante las técnicas de limpieza tradicionales, tanto mecánicas como químicas. Con este tipo de técnica la eliminación del material se realiza de forma selectiva no dañando zonas no deseadas por la diferente absorción de la luz láser en los diferentes materiales, se produce una exacta vigilancia en la cantidad de material retirado, pueden hacerse limpiezas sin disolventes que en su composición suelen emplear materiales tóxicos y/o contaminantes y es una metodología rápida y cómoda de trabajar.

Además las técnicas laser pueden emplearse en soportes en los que otro tipo de tecnología no es de aplicación o resultan muy costosas. Todas estas ventajas hacen a la tecnología láser idónea en la limpieza y restauración de objetos de gran delicadeza como las obras de arte.

Nota

La tecnología mediante láser es muy eficaz en una gran diversidad de materiales como piedra, madera, cuero, vidrio, etc. Algunas fachadas como la sede central del Banco de España (Madrid), la fachada de la Casa Palacio de Provincia (Vitoria), el Palacio de Santa Cruz (Valladolid) y la Catedral de Burgos se han restaurado con la técnica láser.

Los equipos de limpieza mediante láser tienen un diseño modular que consiste en un generador, un sistema de guiado de la luz y un cabezal óptico, lo cual garantiza una máxima adaptabilidad a cualquier requerimiento. Estos sistemas se caracterizan por:

- Capacidad alta/media (80/120 Watt) para velocidades de proceso eficientes.
- Extremadamente compactos y móviles con sistema de refrigeración incorporado.
- Bajo mantenimiento y construcción robusta para una gran durabilidad.
- Bajos costes de operación.
- Cable óptico muy flexible para la transmisión del haz láser (sin mantenimiento) y cabezal con ópticas distintas para cada aplicación bien sea en procesos manuales o automáticos.
- Láseres estacionarios con sistemas de refrigeración por agua.
- Dimensiones compactas.
- Modificaciones a medida.

Actividades

8. Buscar información sobre la tecnología mediante láser en la limpieza de fachadas.

14. Procesos y condiciones de seguridad que deben cumplirse en las operaciones de saneamiento y limpieza de soportes para revestimiento

Como punto de partida en este apartado se ha de comenzar indicando que el mayor riesgo se producirá en la utilización y trabajo sobre los andamios tubulares, por lo que deberá realizarse un análisis detallado de estos medios auxiliares debiendo emplearse productos certificados y garantizados por el fabricante o suministrador.

La colocación de los andamios será supervisada por personal especializado en montajes de andamios, y su instalación deberá ser revisada diariamente, controlando anclajes, apoyos, barandillas, arriostramientos, plataformas de trabajo, etc., realizándose pruebas de carga.

El personal que trabaje encima de estos medios auxiliares deberá estar permanentemente con el cinturón de seguridad tipo anticaídas colocado o con el arnés, anclado a una línea de vida o a un sistema anticaídas, independiente del andamio tubular.

Definición

Línea de vida
Es un sistema de anclaje para asegurar el trabajo de los operarios en alturas, ya sea en zonas exteriores o interiores.

En el pliego de condiciones del proyecto de obra han de fijarse, con todo tipo de detalles, las condiciones de todos los elementos que conformen el andamio y su utilización por parte de los operarios.

Andamios tubulares en fachada

Para la realización de las labores de saneamiento y limpieza de paramentos dentro de las medidas correctoras del riesgo se indica la necesidad de limpieza, señalización y protección de las vías de acceso al tajo.

Los planos de organización general del estudio de seguridad del proyecto deberán marcar estas vías, quedando perfectamente señalizadas y protegidas. Estas vías deberán conocerlas todos los intervinientes en la obra, ya que se consideran de paso obligado.

La realización de los trabajos de saneamiento y limpieza de paramentos acarrea el riesgo de accidentes producidos por el desplazamiento en el interior de la obra hasta la zona de aplicación del revestimiento, por lo que se deberá acotar el perímetro de la actuación, prohibiendo el tránsito, dejando marquesinas o viseras que protejan los accesos o incluso las vías de circulación. Esta actuación de acotamiento y protección deberá estar acompañada de una correcta señalización con carteles de obra.

En la manipulación de materiales para revestimiento y acabado los operarios deberán protegerse mediante el uso de guantes de goma y ropa de trabajo. Esta protección les servirá para salvaguardarse de una posible dermatosis por contacto con cementos y derivados.

Otra medida que deberá llevarse a cabo en la realización de estas actividades será la de evitar la inhalación de sustancias tóxicas y/o corrosivas para lo que se deberán seguir las instrucciones de etiquetado con normas de uso y protección marcadas por el fabricante, acompañándose de una correcta y suficiente ventilación.

Los métodos de proyección de arena para limpieza de paramentos comportan un grave riesgo de silicosis para los operarios que están en contacto con el polvo que queda desprendido. Por esta cuestión es aconsejable que el árido abrasivo contenga menos del 5 % en peso de sílice libre y que los operarios vayan protegidos por un casco tipo burbuja, con alimentación de aire puro y templado a razón de 165 l por minuto como mínimo.

15. Puesta en práctica de las medidas preventivas planificadas para ejecutar los trabajos de saneamiento y limpieza de soportes para revestimiento en condiciones de seguridad

Una buena planificación de las medidas preventivas a llevar cabo durante la realización de los trabajos dc saneamiento y limpieza de soportes para su posterior revestimiento es fundamental para que estos se realicen en condiciones de seguridad, aunque si esta planificación no se pone correctamente en práctica, no servirá para nada, e incluso puede llegar a ser peligrosa la incorrecta ejecución de las medidas preventivas planificadas.

Además de lo planteado en el párrafo anterior, apoyado en la lógica de una actuación cualquiera, el Real Decreto 1627/1997, de 24 de octubre, por el que se determinan las disposiciones mínimas de seguridad y salud en las obras de construcción, establece en su artículo 10 lo siguiente:

De conformidad con la Ley de Prevención de Riesgos Laborales, los principios de la acción preventiva que se recogen en su artículo 15 se aplicarán durante la ejecución de la obra y, en particular, en las siguientes tareas o actividades:

El mantenimiento de la obra en buen estado de orden y limpieza.

La elección del emplazamiento de los puestos y áreas de trabajo, teniendo en cuenta sus condiciones de acceso, y la determinación de las vías o zonas de desplazamiento o circulación.

La manipulación de los distintos materiales y la utilización de los medios auxiliares.

El mantenimiento, el control previo a la puesta en servicio y el control periódico de las instalaciones y dispositivos necesarios para la ejecución de la obra, con objeto de corregir los defectos que pudieran afectar a la seguridad y salud de los trabajadores.

La delimitación y el acondicionamiento de las zonas de almacenamiento y depósito de los distintos materiales, en particular si se trata de materias o sustancias peligrosas.

La recogida de los materiales peligrosos utilizados.

El almacenamiento y la eliminación o evacuación de residuos y escombros.

La adaptación, en función de la evolución de la obra, del período de tiempo efectivo que habrá de dedicarse a los distintos trabajos o fases de trabajo.

La cooperación entre los contratistas, subcontratistas y trabajadores autónomos.

Las interacciones e incompatibilidades con cualquier otro tipo de trabajo o actividad que se realice en la obra o cerca del lugar de la obra.

Teniendo en cuenta todo esto, antes de comenzar la ejecución deberán de realizarse las siguientes actuaciones:

- Análisis de riesgos, evitables y no evitables: estudio de su origen.
- Adaptación del trabajo a los operarios disponibles así como a la elección de los equipos utilizados en la ejecución, evitando tareas monótonas y teniendo en cuenta los avances tecnológicos.
- Anteponer siempre medidas colectivas a individuales.
- Deberá informarse a los operarios tanto de las tareas a realizar como de las medidas preventivas a adoptar.

Una vez realizadas estas tareas previas, y ya en el tajo donde se desarrollará la obra, se deberá elegir el emplazamiento de los puestos de trabajo.

Estos estarán ya definidos por el paramento a sanear o limpiar, por lo que no se podrá actuar sobre su ubicación pero si en el acceso a ellos y en las vías de circulación que les afecten (vehículos, peatones, operarios, etc.), para lo que se delimitará con las medidas adecuadas, vallas, barreras de seguridad, marquesinas, etc.

De igual manera deben preverse los medios que se necesiten para acceder a las vías ya citadas a los diferentes puestos y zonas de trabajo mediante el uso de escalas, escaleras, rampas, pasarelas, plataformas o elementos auxiliares similares.

Paralelamente a esta tarea se deberán también definir, si procediese, las zonas de almacenamiento y depósito de materiales y las zonas de evacuación o eliminación de residuos y escombros. En ambas tareas se ha de tener especial atención si los productos con los que se está trabajando son materias o sustancias peligrosas. En trabajos de saneamiento y limpieza de soportes para su revestimiento los productos químicos utilizados pueden cumplir estas condiciones.

Nota

La Ley 7/2022, de 8 de abril, de residuos y suelos contaminados para una economía circular define en su Título Preliminar, Artículo 2 Definiciones Apartado añ) "Residuo Peligroso" como: residuo que presenta una o varias de las características de peligrosidad enumeradas en el anexo I y aquél que sea calificado como residuo peligroso por el Gobierno de conformidad con lo establecido en la normativa de la Unión Europea o en los convenios internacionales de los que España sea parte. También se comprenden en esta definición los recipientes y envases que contengan restos de sustancias o preparados peligrosos o estén contaminados por ellos, a no ser que se demuestre que no presentan ninguna de las características de peligrosidad enumeradas en el anexo I.

En cuanto a la evacuación de residuos (entendiendo los no peligrosos) deberán usarse medidas adecuadas como cintas transportadoras, conductos, o cualquier otro método, evitando en todos los casos el vertido libre de escombros y reduciendo a unos niveles mínimos la posible incidencia ambiental. Esta circulación deberá finalizar en contenedores situados a tal efecto cuyas características sean las adecuadas a los materiales que van a recibir.

Contenedores de escombros

Adoptadas las medidas previas de información y análisis y las de implantación del entorno de trabajo se procederá con las tareas en sí, debiendo comenzar por las instalaciones auxiliares y materiales a utilizar durante las mismas.

En la manipulación tanto de materiales como de medios auxiliares se optará, siempre que sea posible, por la manipulación mecánica antes de la manual, tanto por razones de seguridad en la realización de estas tareas, como por razones económicas debido al considerable aumento de rendimiento que se consigue.

En lo referente a la utilización de equipos y medios auxiliares se estará a lo dispuesto en las instrucciones dadas por los fabricantes, instaladores, técnicos, etc., debiendo llevarse un registro documental de las actividades de inspección, revisión y mantenimiento realizadas.

Por último, una vez comenzada la tarea a realizar, el tajo de obra deberá mantenerse en buen estado de orden y limpieza, clasificando los materiales y equipos a emplear y almacenando fuera del área de trabajo todo el material que sea innecesario. Una buena práctica de ejecución será el realizar limpiezas periódicas con medios mecánicos, acumular el material de desecho en zonas adecuadas, y su pronta eliminación del tajo.

16. Resumen

El saneado de paramentos como preparación del soporte previo a la aplicación del revestimiento consistirá en la eliminación de las zonas en mal estado o con insuficiente resistencia, mientras que la limpieza tratará de eliminar las impurezas y suciedades de los soportes que pueden afectar a la adhesión entre ambos elementos, soporte y revestimiento.

Las condiciones previas del soporte (humedad, limpieza, acabados preexistentes, etc.) así como la patología que exista en el paramento (manchas, humedades, mohos, eflorescencias, óxidos, etc.), serán datos que se necesitarán conocer a la hora de aplicar un saneado o una limpieza a un paramento a revestir.

En el caso de los saneamientos se utilizarán fungicidas que impidan la formación de mohos y hongos, e impermeabilizantes, protegiendo de la entrada de agua al soporte.

En cuanto a los tratamientos de limpieza de soportes, los tradicionales como lavado, cepillado, raspado y lijado se combinan con los métodos más novedosos consistentes en la utilización de equipos de bombeo de agua caliente y fría, y aire y arena a presión sobre los paramentos a limpiar.

El análisis de nuevas tecnologías de actuación en la ejecución de los trabajos de saneamiento y limpieza pasa por estudiar la técnica del láser, nueva tecnología de reciente implantación en estos trabajos.

Por último, la ejecución de estas labores en condiciones de seguridad para los operarios que los realizan es objeto de estudio detallado destacándose las medidas preventivas más utilizadas.

Ejercicios de repaso y autoevaluación

1. **Los soportes para revestir según los materiales que los forman pueden clasificarse en...**

   a. ... ladrillo cerámico, cal aérea, yeso y derivados, cemento y metales.
   b. ... cal aérea, yeso y derivados, cemento y metales.
   c. ... ladrillo cerámico, cal aérea, yeso y derivados, cemento y minerales.
   d. ... ladrillo cerámico, cal aérea, madera y derivados, cemento y metales.

2. **Complete la siguiente oración.**

   Los revestimientos discontinuos se constituyen por placas de materiales ______________ o artificiales que son fijados al paramento a revestir mediante el uso de otros elementos de anclaje ______________.

3. **El espesor de un revoco será:**

   a. De 5 a 8 mm.
   b. De 7 a 15 mm.
   c. De 5 a 8 mm, a excepción del revoco pétreo (1 cm).
   d. Todas las opciones son incorrectas.

4. **Las piezas de alicatado...**

   a. ... son piezas cerámicas, porosas y prensadas.
   b. ... tienen su superficie esmaltada, impermeable, e inalterable a los ácidos y lejías.
   c. ... las piezas de alicatado tendrán un espesor entre 3 y 15 mm.
   d. Todas las opciones son correctas.

5. **Complete la siguiente oración.**

   En la formación de manchas en paramentos la ____________________ del material de revestimiento así como la posición del plano son influyentes en su aparición.

6. **Relacione las dos listas de acciones a realizar para la mejora de la impermeabilidad de los paramentos al agua:**

    a. Impedir el estancamiento de agua.
    b. Intentar cortar el paso del agua.
    c. El agua con presión penetrará con mayor facilidad.

    __ Por lo que se procurará que esta llegue al paramento sin presión.
    __ Dando salidas fáciles a las mismas.
    __ Lo más al exterior posible.

7. **Seleccione si la siguiente afirmación es verdadera o falsa.**

    Se utiliza el término saneos de fachadas o paramentos para todos aquellos trabajos encaminados a eliminar del revestimiento de la fachada todas las zonas que no ofrezcan la suficiente resistencia.

    □ Verdadero
    □ Falso

8. **Indique la respuesta incorrecta. En la elección del tipo de producto químico a aplicar más conveniente en cada caso se debe tener en cuenta una serie de pautas. Estas son:**

    a. Conocimiento de los componentes del producto y contraindicaciones.
    b. Garantías facilitadas por el fabricante.
    c. Sellos de calidad, pruebas y ensayos.
    d. Instrucciones de la dirección de obra para su aplicación.

9. **Complete la siguiente oración.**

    La elección de los métodos de saneamiento y limpieza de soportes más apropiados dependen de la ____________________ del paramento, de la ____________________ del paramento y del ____________________ de material de superficie que ha de eliminarse.

10. Los impermeabilizantes se clasifican en...

a. ... continuos y discontinuos.
b. ... físicos y químicos.
c. ... de masa y de superficie.
d. Todas las opciones son correctas.

11. Seleccione si la siguiente afirmación es verdadera o falsa.

El lavado consiste en la impregnación mediante agua limpia sobre el paramento a limpiar con el objetivo de fijar el polvo y la suciedad existente en la superficie y endurecerla.

☐ Verdadero
☐ Falso

12. Tipos de tratamientos de limpieza de paramentos y fachadas serán:

a. Lavado, cepillado, raspado, lijado, chorreo de aire caliente, chorreo de agua, chorreo mixto y decapado.
b. Lavado, cepillado, lijado, chorreo de aire caliente, chorreo de agua, chorreo mixto y decapado.
c. Lavado, cepillado, raspado, lijado, chorreo de agua, chorreo mixto y decapado.
d. Lavado, cepillado, raspado, lijado, chorreo de aire caliente, chorreo de agua, y decapado.

13. Indique la respuesta incorrecta. La Ley de Prevención de Riesgos Laborales establece en su artículo 15 los principios de la acción preventiva a aplicar durante la ejecución de las obras y, en particular, las siguientes tareas o actividades:

a. El mantenimiento de la obra en buen estado de orden y limpieza.
b. La manipulación de los distintos materiales y la utilización de los medios auxiliares.
c. La recogida de los materiales peligrosos utilizados.
d. La fijación de un tiempo determinado para las distintas fases del trabajo sin tener afección la evolución de la obra.

14. Seleccione si la siguiente afirmación es verdadera o falsa.

Las fisuras son aperturas longitudinales que afectan a la capa exterior del revestimiento, en cambio, las grietas son aperturas de mayor grosor y profundidad que afectan a todo el espesor del paramento o elemento constructivo.

- ☐ Verdadero
- ☐ Falso

15. Indique la respuesta incorrecta. ¿A qué se deben las causas que forman las grietas y las fisuras?

a. Acciones mecánicas.
b. Acciones fisiológicas.
c. Defectos de los materiales de ejecución.
d. Errores del proyecto.

Capítulo 2

Tratamientos de regularización y adherencia de soportes para revestimiento

Contenido

1. Introducción

La superficie soporte sobre la que se aplicarán los acabados en los paramentos a revestir deberá cumplir una serie de requisitos que se consideran fundamentales para una aplicación correcta de manera que se dote al elemento revestido de la mayor durabilidad posible.

En ocasiones los paramentos a tratar no cumplen con las prescripciones necesarias y necesitan de una serie de tareas previas que los hagan aptos para una correcta realización de los trabajos de revestido.

Se expondrán a continuación estos trabajos complementarios o auxiliares necesarios, con especial incidencia en las labores de regularización de superficies con las que se tratará de dar uniformidad a los soportes y adherencia a los paramentos.

2. Estado y condiciones previas del soporte

El soporte sobre el que se aplicarán los acabados ha de cumplir una serie de condiciones previas de continuidad, regularidad, planeidad, horizontalidad y rugosidad, así como de unos acabados determinados que se detallan a continuación.

2.1. Continuidad

La continuidad del soporte sobre el que se aplicará un revestimiento de acabado consistirá en la no apreciación de la existencia de materiales de diversas naturalezas (cerámicos, hormigón, piedra, etc.) en su composición.

Para evitar la aparición de fisuras entre ambos materiales o incluso el desprendimiento del acabado se procederá al revestido de los elementos constructivos con el mismo material del resto del paramento.

Sabía que...

El coeficiente de dilatación térmica de la cerámica es aproximadamente la mitad respecto al del hormigón y el yeso, y unas tres veces inferior al correspondiente a los metales.

Por ejemplo, elementos que integren diversos puntos singulares de una edificación, como es el caso de la estructura del edificio, suelen ser revestidos con el mismo material del resto del soporte que se pretenda revestir con el fin de garantizar, de alguna manera, la continuidad del revestimiento que se vaya a aplicar.

En otros casos, el revestido de los elementos no es posible, por lo que la continuidad del soporte base se busca mediante la utilización de mallas metálicas o plásticas, vendas, etc., con la intención de evitar la aparición de fisuras en los encuentros entre los materiales de distinta naturaleza y características.

Cuando se trata de elementos de diversa naturaleza el comportamiento ante ciertas solicitaciones externas es distinto (por ejemplo ante la temperatura), por lo que mediante estos materiales auxiliares lo que se pretende es dotar al soporte de mayor elasticidad para que sea capaz de resistir pequeños movimientos provocados por las distintas características de cada material que compone la base.

Ejemplo de elemento constructivo a revestir

Actividades

1. Indicar algunos ejemplos de comportamientos de materiales ante la acción de temperaturas diferentes.

2.2. Regularidad

La regularidad del soporte sobre el que se aplicará el revestimiento será una condición previa que deberá cumplirse, de lo contrario, el acabado presentará a la larga deficiencias provocadas por un incorrecto cumplimiento de estas condiciones.

Para asegurar esta regularidad deberá realizarse una inspección previa del soporte que se vaya a revestir, detectando posibles zonas con salientes o rebabas. En función del soporte la aparición de rebabas puede ser mucho mayor que en otros, por ejemplo, en paramentos de fábricas de ladrillo habrá mayor número de juntas que en un paramento de bloques de hormigón, por lo que la aparición de rebabas o salientes es más posible.

Definición

Rebaba
Porción sobrante de mortero que las piezas cerámicas arrojan en forma de resalto en las superficies de los paramentos verticales como consecuencia de la fuerza de compresión aplicada en la colocación de las mismas.

Detectadas las rebabas y salientes se procederá a su picado y retirada mediante el uso de herramientas manuales, teniendo especial cuidado en la ejecución de esta tarea, ya que lo que se pretende es la eliminación de los salientes de mortero que existan sin provocar daño del soporte base.

Además de la eliminación de rebabas y salientes la regularidad de un soporte también compete al tapado de los posibles agujeros existentes en el mismo de una manera previa al inicio de la ejecución de las tareas de revestimiento.

Una correcta ejecución de un paramento que posteriormente vaya a ser revestido deberá ir evitando ambas circunstancias, por lo que durante el levantado del paramento se retirarán las rebabas de mortero que se generen y se rellenarán los huecos, ya que momentos posteriores a la colocación de la pieza y previamente a su fraguado, la eliminación del mortero podrá realizarse con mucho menos esfuerzo.

Por otro lado, en el revestido de soportes de mampostería, la eliminación de salientes puede ser una tarea mucho más difícil al producirse estos por el saliente de las piedras que componen el soporte, lo que provocará que la tarea deba realizarse con el debido cuidado de no dañar la totalidad de la pieza que pueda causar su desprendimiento y por consiguiente la pérdida de resistencia del paramento.

Actividades

2. Indicar las condiciones que debe cumplir un soporte en cuanto a adherencia y regularización.

2.3. Planeidad

Cualquier tipo de acabado puede hacerse previo maestreado del soporte que se va a revestir o, por el contrario sin proceder al maestreado, en cuyo caso la forma de ejecución se denominará "a buena vista".

Por lo general el maestreado se realiza en dirección vertical cuando el revestimiento se va a aplicar sobre una pared, bien con maestras metálicas o de madera, bien mediante tiras del propio mortero, pero en todos los casos serán del espesor que finalmente tendrá el propio revestimiento pues se pretende conseguir el plano virtual, definido este por la maestra.

Nota

Si se considera la planeidad de la superficie a enfoscar se realizarán los enfoscados maestreados o sin maestrear.

- Enfoscados sin maestrear. En este caso se formarán con mortero los rincones y aristas apoyados en estos, y con hilos. Se ejecutarán maestras verticales cada 3 m. Para este tipo de superficies se admite una tolerancia de planeidad de hasta 8 mm medido con una regla de 1 m.
- Enfoscados maestreados. Se hará todo del mismo modo que en el caso anterior, pero las maestras no podrán estar a una distancia superior de 1 m. Para este tipo de superficies la tolerancia admitida es de 3 mm por cada metro.

Una vez finalizada la operación de revestir, la comprobación de planeidad se llevará a cabo mediante una regla metálica, que en el caso general, tendrá un metro o dos metros en función del tamaño del paramento.

Paramento con maestras para su regleado

Previamente habrá sido necesario haber determinado en el pliego de condiciones del proyecto o por la dirección de obra la tolerancia que se desea admitir, así como el alcance del control, ya que se trata por lo general de una operación extensa que se efectúa sobre numerosos paramentos distintos de una misma obra. No es necesario extender dicho control a todos ellos, salvo casos singulares, sino que se propone un muestreo limitado que representa al conjunto de aquella.

No obstante, en caso de no existir pliego de condiciones o dirección de obra por tratarse de obras de poca extensión o puntuales, habrá que tener en cuenta que las desviaciones superiores a los 8 mm resultan difíciles de corregir por lo que serán inaceptables.

2.4. Horizontalidad

La planeidad buscada en elementos a revestir se entiende en elementos de carácter vertical. La aplicación en elementos a ser revestidos horizontalmente se entiende como horizontalidad, aunque se trata de la misma circunstancia.

Al igual que en la planeidad, en la horizontalidad de los techos en los que se aplique un revestimiento, las desviaciones superiores a los 8 mm resultan difíciles y gravosas de corregir.

Una práctica muy habitual tras la tirada de reglas y cuerdas comprobando la horizontalidad (también se realiza de esta forma en paramentos verticales que vayan a ser revestidos) será la de la regularización de la superficie mediante un adhesivo previo de forma que se eliminen la zonas en las que el grosor del revestimiento sea muy superior al de las zonas contiguas.

Aplicación práctica

Como oficial de primera va a comenzar la ejecución de un enfoscado y enlucido de mortero de cemento en un paramento de una vivienda. Antes de iniciar las operaciones propias de revestido deberá comprobar la planeidad y la horizontalidad del soporte existente sobre el que se trabajará a fin de determinar la necesidad de ejecutar algún tratamiento de regularización previo a la aplicación final del revestimiento de acabado.

Indique la forma de realizar ambas comprobaciones en la obra y los medios que deberá emplear.

SOLUCIÓN

En principio, para realizar una buena comprobación de ambos parámetros hay que apoyarse en un peón ordinario que ayude en la tarea.

Para ambas comprobaciones se apoyará una regla paralela a la superficie, y presionada solo por uno de sus extremos se medirá en el otro la diferencia existente entre la regla y el soporte.

La comprobación debe realizarse en vertical, en horizontal, y en diagonal en los paramentos verticales, e igualmente en los paramentos horizontales.

La diferencia estribará en que la holgura máxima permitida en ambos paramentos será diferente en función del tipo de acabado que se vaya a realizar, por lo que se debe saber cómo se finalizará el paramento.

Actividades

3. Indicar para qué sirven las maestras.

2.5. Rugosidad

La fuerza necesaria para el deslizamiento de dos superficies lisas está estrechamente vinculada con el rozamiento entre los materiales en contacto, y este lo estará a su vez con la rugosidad de la superficie de forma.

Cuanto más rugosa es una superficie, mayor es la fuerza que se necesita para su desplazamiento sobre otra.

Ejemplo

Si se dispone de una caja de madera con una superficie lisa en su base no será el mismo esfuerzo el que se necesitará si se pretende desplazar esta sobre un solado de mármol macael o sobre una solera de hormigón rugoso. En este segundo caso será mayor la fuerza que se tenga que aplicar.

Visto todo esto si se mejora la rugosidad de las superficies a revestir mejor será la adherencia entre ambos materiales. Es por este motivo por el que las piezas de ladrillo cerámico presentan todas sus caras estriadas.

Teniendo en cuenta el material que compone el soporte sobre el que se aplicará el revestimiento de acabado, la realización de tareas previas para aumentar su rugosidad será necesaria en determinadas ocasiones y en otras no, por ejemplo, en superficies de hormigón o metálicas puede necesitarse su revestido o la colocación de elementos de malla para realizar el acabado final. En cambio, en paramentos a alicatar sobre soportes previamente enfoscados, tanto la pared base como la pieza a colocar disponen de suficiente adherencia (en el caso de la pared base por tener una superficie rugosa y en el caso de la pieza de alicatado por tener su superficie estriada o rugosa).

Es posible que se necesite realizar el picado de paramentos o el salpicado con lechada de cemento para mejorar la rugosidad de la superficie del soporte dentro de unos parámetros adecuados.

Sabía que...

Para desplazar elementos pesados sobre superficies lisas, como los solados de mármol, el mojado de la superficie disminuirá enormemente la fuerza necesaria para su empuje ya que reduce el rozamiento entre las superficies en contacto. También es habitual el empleo de patatas cortadas utilizadas a modo de patas bajo el elemento a transportar.

2.6. Acabados previos

El acabado previo que deba realizársele a un soporte para su posterior revestimiento dependerá del material o la técnica con que se vaya a revestir o acabar.

Así, por ejemplo, en paramentos que posteriormente vayan a ser alicatados o aplacados, el acabado rayado del soporte previo favoreciendo una mejor adherencia entre el soporte, el adhesivo y las piezas cerámicas o de piedra resulta fundamental para una correcta ejecución de este tipo de tareas.

En cambio, un soporte revestido mediante enfoscado de mortero de cemento no debe tener grandes hendiduras o rayaduras que puedan manifestarse posteriormente en la capa de enlucido, ya que esta capa es de un espesor muy fino y cualquier fisura de un gran grosor se plasmaría en el acabado.

Para el revestido de paramentos mediante la aplicación de pintura, una técnica previa de acabado habitual y necesaria es la imprimación del soporte mediante la utilización de una mezcla líquida. Su función es la de penetrar en los poros y taparlos, formando de esta manera una capa uniforme e impermeable que aísle el fondo de la pintura, quedando la superficie preparada para ser pintada.

Acabado rayado para alicatado

Aplicación práctica

Como oficial de primera deberá ir formando al peón ordinario que le han asignado para la elaboración de las tareas. Indíquele de forma somera las condiciones previas que ha de presentar un soporte antes del inicio de su revestido.

SOLUCIÓN

En primer lugar el paramento ha de ser continuo: de ejecutarse todo del mismo material esta condición se cumpliría. De no ser así deberán emplearse métodos que ayuden a esa continuidad como mallas de plástico. El soporte deberá ser regular, eliminando posibles rebabas o salientes que existan y rellenando agujeros que se presenten en el mismo. Como es también obligatorio, la base deberá ser plana y horizontal, realizando un primer testeo mediante regleado y si no fuese aceptable procediendo a su regularización. Por último, y no por ello menos importante, el paramento deberá ser también rugoso aumentando con esta característica las condiciones de adherencia. De no conseguirse esta condición se le aplicarán métodos de mejora de la rugosidad como picados, salpicados de lechada de cemento, etc.

3. Condiciones para la adherencia y agarre de las mezclas

El fenómeno de la adherencia tiene lugar cuando se está frente a un sistema formado por uno o dos materiales que se pretenden unir y que son los adherentes, y un segundo o tercer material que materializa dicha unión, que será la unión adhesiva.

La adherencia será la capacidad de transmitir una fuerza procedente del material adherente por medio de la unión adhesiva, por lo que la adherencia aumentará cuando aumente la energía mecánica que pueda soportar la unión adhesiva.

En consecuencia se puede cuantificar la adherencia por la fuerza que se aplica a la unión adhesiva hasta el mismo instante en el que se manifiesta la disminución de esa adherencia. Para la medición de la adherencia se debe someter a un esfuerzo mecánico la unión adhesiva existiendo dos métodos reglados:

- De cizallamiento o cizalladura. La fuerza que ha de ejercerse es paralela al plano de la unión adhesiva.
- De tracción. La fuerza ejercida es ortogonal al plano de la unión adhesiva.

Nota

Como la fuerza se aplica en una unidad de superficie de la unión adhesiva, esta se medirá en unidades de presión, siendo las expresiones más habituales en megapascal (MPa), kilogramos fuerza por centímetro cuadrado (Kp/cm^2) o newton por milímetro cuadrado (N/mm^2).

No se ha encontrado una conexión entre las propiedades físicas del material adhesivo y su cuantificación por medio de la resistencia mecánica a tracción o cizalladura. Existen distintas teorías que justifican la adherencia:

- Acoplamiento mecánico entre materiales por la penetración en los poros del adherente del adhesivo.

- Por la capacidad de humectar que posea el adhesivo.
- Cuando la adherencia se acompaña de una disolución del adherente en el adhesivo en la composición de ambos.
- Por las interacciones ácido-base en la composición de adherente y adhesivo.
- Por formación de enlaces covalentes en esa composición.

Nota

Cuando en un recubrimiento se habla de adherencia mecánica se hace referencia a un tipo de adherencia basado fundamentalmente en las dos primeras teorías y en la cohesión del adhesivo alcanzada en el proceso de hidratación de un mortero.

La adherencia mecánica se caracteriza por:

- El acoplamiento mecánico entre adhesivo y adherente:
    - Textura o microrrugosidad superficial del adherente.
    - Porosidad y capilaridad del adherente y cinética de penetración del adhesivo en poros y capilares.
- La capacidad humectante o mojante del adhesivo.

Según lo expuesto se dispondrán de dos posibilidades de elección para los materiales de regularización y adherencia de soportes para su posterior revestimiento: los morteros y los adhesivos. El denominador común será que la adherencia se producirá en el proceso de endurecimiento de la mezcla. La diversidad se encontrará en el tipo de adhesión que se produce en el seno del material y con las superficies con que entra en contacto, y también en el tipo de endurecimiento.

Los tipos de adhesión son:

- Mecánica: propia de los morteros sin aditivos.
- Mecánica y química: propia de los morteros a los que se le añaden resinas y de los adhesivos cementosos.
- Química: propia de los adhesivos de resinas en dispersión y de resinas de reacción.

Los tipos de endurecimiento son:

- Por hidratación del conglomerante.
- Por evaporación del agua y/o disolvente.
- Por reacción química de componentes separados.

Adhesivo ensacado

Actividades

4. Indicar su opinión en relación a la superficie estriada de los ladrillos.

3.1. Adherencia química en adhesivos

La adherencia química en adhesivos se origina por la conjunción de compuestos que interactúan químicamente entre moléculas, además de fuerzas electrostáticas de atracción a nivel atómico o molecular. Estas uniones de tipo químico producirán la adherencia en superficies lisas y/o inabsorventes. Dentro del material prevalecerán las fuerzas de cohesión, bien entre átomos, o bien entre moléculas a muy corta separación.

Con la llegada del latex a las composiciones de los morteros comienza un proceso de cambio de las características en fresco y al endurecerse los morteros de cemento. En este tipo de morteros agregados con polímeros, que se llamaran adhesivos, se produce una adherencia mixta que puede ser:

- Mecánica con la hidratación del cemento.
- Química con la presencia de la resina (polímeros) que también contribuyen a la adherencia, aglomerando, partículas y filamentos.

En las composiciones de morteros con estas resinas también se ha de tener en cuenta el poder de retención de agua del mortero y su afectación a la deformabilidad. En cierta medida la inclusión de estas resinas en la constitución de los morteros de cemento supone la recuperación de la deformabilidad que tenían los morteros de cal.

Sabía que...

Los morteros de cal empleados desde la antigüedad tienen una mayor capacidad de deformación que los modernos morteros utilizados hoy en día en construcción.

La modificación de los morteros de cemento con resinas también ha dado paso a la formulación de otros adhesivos donde ya no está presente el cemento e incluso la arena o árido. Se entra por lo tanto en la formulación de adhesivos en los que únicamente se producirá la adherencia química, bien por la evaporación del agua o el disolvente, o bien por la reacción química que se produce entre los componentes que lo integran.

3.2. Adherencia mecánica en los morteros

La adherencia mecánica se generará por la unión producida en la hidratación del conglomerante (de cal o cemento) al formarse silicato cálcico hidratado. Los filamentos trabajarán a poca distancia y le darán cohesión al mortero enlazando y aglomerando los componentes. Los áridos serán los responsables de las características físicas del mortero cuando este endurezca, y formarán el anclaje a los poros y textura de las superficies con las que contacten.

Este procedimiento de formación de los filamentos entre las superficies en contacto será la hidratación. Todo este procedimiento explicará las propiedades mecánicas de los morteros una vez estos han endurecido, así como la rigidez de los mismos.

Nota

Cuando el endurecimiento del mortero esté finalizando, completada casi en su totalidad la hidratación, se originará la unión de estos filamentos.

Se debe destacar en este punto que los morteros de cal disponen de una microestructura que, sin lograr una trabazón tan completa como en los morteros de cemento, alcanzan muy buenas adherencias mecánicas y, sobre todo, mayor deformabilidad.

Definición

Trabazón

Resistencia que opone un hormigón o un mortero fresco a disgregarse por la acción de vibraciones o golpes recibidos durante su transporte y el vertido en obra.

Actividades

5. Buscar información sobre diferentes utilizaciones de los morteros de cal.

3.3. Condiciones

Definida la adherencia y las diferencias entre los diversos tipos que existen se hace necesario establecer las características que ha de cumplir un soporte que vaya a ser revestido, con la finalidad de que este se encuentre en unas óptimas condiciones para la adherencia entre ambos materiales.

En primer lugar se ha de destacar la compatibilidad que debe haber entre el soporte a revestir y el material de regularización, además de la que tiene que existir entre los componentes del acabado final que se pretenda realizar en el paramento tratado.

Al igual que en las adherencias, la **compatibilidad** que se necesita deberá ser tanto mecánica como química:

- **Química:** no reaccionará ninguno de los elementos que compondrán los materiales utilizados (como sucedería si el soporte tuviese yeso que podría reaccionar con el cemento).

- **Mecánica:** la resistencia del mortero y su capacidad de dilatación no superarán las del soporte base, fundamentalmente si este es antiguo, para impedir procesos de fisuración.

Recuerde

Existen dos tipos de adherencias que pueden darse entre el soporte sobre el que se aplique el revestimiento y este último que son:

- De tipo químico.
- De tipo mecánico.

Otra característica a cumplir por el soporte será la de **estabilidad,** evitando de esta manera que se degraden o deformen. Si se produce un curado suficiente se garantizará que el soporte haya experimentado la mayor parte de las retracciones a sufrir. Para asegurar esta circunstancia se deberá esperar el tiempo que fuese necesario y cumplir las condiciones que se exijan para una correcta finalización del proceso de fraguado del material de regularización sobre el que se aplicará el revestido final del paramento tratado.

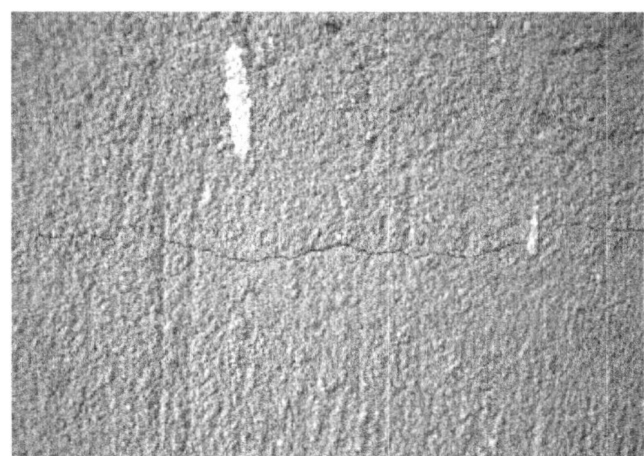

Fisuración de revestimiento

Detrás de muchas fisuraciones (por retracciones en paramentos revestidos) se encuentra la circunstancia de las prisas, tratando de solventar los retrasos acumulados en la última fase de ejecución.

La **limpieza** del soporte base será también fundamental para asegurar una correcta adherencia entre los diversos componentes empleados en la regularización de superficies para su revestido posterior. La existencia en la superficie a revestir de elementos pulverulentos, material de desencofrante, aceites, pinturas, etc. evitará la falta del contacto necesario con el mortero para una correcta finalización de la adherencia entre los componentes, ya sea esta adherencia química o mecánica.

Recuerde

Es imprescindible la limpieza previa de la superficie que se vaya a tratar por los diferentes métodos, es decir, cepillado, chorros de arena, agua o mixtos que actúen a presión.

La **rugosidad** del soporte también deberá ser suficiente para facilitar la adherencia entre el soporte y los materiales empleados para la regularización, permitiendo el anclaje de estos.

Según la superficie del soporte sobre el que se actúe puede ser necesario el picado de la superficie. Debe tenerse especial cuidado de no aumentar excesivamente las diferencias de relieve o bien colocar mallas perfectamente ancladas.

En superficies verticales y horizontales la **planeidad** de los paramentos no deberá superar unos desniveles establecidos que variarán en función del tipo de acabado que se haya seleccionado para el paramento. En ocasiones las tareas de regularización de soportes pueden estar encaminadas a corregir esta circunstancia.

La **porosidad** del soporte también deberá ser la suficiente para una correcta ejecución de los tratamientos de regularización, es decir, si el soporte existente no tiene la porosidad suficiente y necesaria para su tratamiento posterior habrá de ejecutarse un puente de adherencia que permita una buena adhesión al mortero.

Porosidad
Porcentaje del volumen de poros con respecto a la masa.

Otra condición a cumplir por el soporte base muy importante será la de tener una **capacidad de absorción de agua limitada** para que no se produzca una desecación prematura de la pasta de mortero antes de su fraguado. Esto podría llegar a originar fenómenos de afogaramiento del mortero.

Sabía que...

El afogaramiento se produce por la succión excesiva del agua de amasado del mortero por el soporte o las piezas que lo componen, provocando la deshidratación de la pasta. Al sustraerse el agua del mortero se impide que la reacción del cemento se realice de un modo correcto produciéndose la pérdida de características propias como resistencia, adherencia, compactación, etc.

Para evitar esta circunstancia el soporte deberá disponer de un **cierto grado de humedad,** por lo que deberá ser necesario el mojar previamente el soporte y esperar que deje de estar saturado de agua antes de proceder a la aplicación del material empleado en la regularización del soporte a revestir o del propio revestimiento.

Para esta circunstancia y en soportes muy absorbentes se recomienda la utilización de reguladores de la absorción como aditivos en la mezcla que se emplee en la regularización.

Actividades

6. Indicar qué sucedería de no regar un soporte previamente a su revestimiento.

4. Materiales para tratamientos de regularización y adherencia: tipos, funciones y propiedades

En primer lugar se ha de establecer una diferencia entre los dos conceptos sobre preparación de soportes para revestir: los tratamientos de regularización y los tratamientos de adherencia de superficies.

El objetivo de los tratamientos de regularización será el de conseguir superficies planas, regulares y continuas sobre las que aplicar de una manera correcta el revestimiento de acabado final con la uniformidad requerida, mientras que los tratamientos de adherencia lo que buscarán no es más que mejorar la unión entre los dos componentes, soporte y material de revestimiento.

Los materiales empleados en ambas tareas son los mismos pudiendo distinguirse entre morteros y adhesivos.

Recuerde

La regularización tratará de conseguir superficies planas, regulares y homogéneas mientras que los tratamientos de adherencia tratarán de mejorar la unión entre soporte y material de revestimiento.

En las familias de los morteros se debe diferenciar a su vez entre conglomerantes y aglomerantes o conglomerados. Los primeros serán materiales con la capacidad de unir fragmentos de otro u otros materiales y a su vez dar cohesión al conjunto mediante procesos químicos en masa creando nuevos compuestos. Los segundos permitirán unir fragmentos de una o varias sustancias y a la vez cohesionar el conjunto con métodos físicos.

Los conglomerantes empleados en construcción son tres:

- Yeso.
- Cal.
- Cemento.

Por su parte los aglomerantes o conglomerados serán:

- Pastas.
- Morteros.
- Adhesivos.

Aplicación práctica

Va a comenzar la ejecución de un revestimiento de acabado y le comenta al dueño de la vivienda que empezará por los tratamientos de regularización y adherencia del soporte antes de los propios de revestido. Este le pregunta la diferencia que existe entre ambos tratamientos. Explíquesela de una forma que sea fácil de entender.

SOLUCIÓN

En primer lugar deberá especificar la importancia que ha de existir en la compatibilidad entre soporte base y revestimiento final, debiendo conseguirse en este unas condiciones óptimas para lo que se realizarán estos tratamientos de regularización y adherencia. El tratamiento de regularización trata de conseguir superficies planas, regulares y continuas sobre las que aplicar el acabado, por el contrario los tratamientos de adherencia lo que buscarán no es más que mejorar la unión entre los dos componentes.

4.1. Yeso

Es el conglomerante artificial de más antigüedad conocido por el hombre. Su composición química es sulfato cálcico cristalizado con dos moléculas de agua. Puede encontrarse de forma muy abundante en la superficie terrestre debido al depósito por desecación de mares interiores y lagunas, al haberse encontrado disuelto en sus aguas.

Sabía que...

Ya se usó el yeso como mortero para encastre de los sillares en las pirámides de Gizeh y en las tumbas de Saqqara en Egipto.

La estructura del yeso puede ser compacta, granulada, laminar, fibrosa, incolora y transparente cuando se encuentra en estado puro, aunque generalmente la arcilla y el hierro lo tiñen de un amarillo-rojizo.

Se utiliza en la ejecución de tabiques, bóvedas, enlucidos, pavimentos continuos, enfoscados, estucos, molduras, mármoles artificiales, etc.

El yeso es un material blando y con cierta solubilidad al agua por lo que no podrá utilizarse en el exterior. Al disponer de una superficie delicada le afectan en gran medida los golpes y arañazos.

La finura del molido durante su fabricación le proporcionará mayor capacidad para desarrollar con normalidad la reacción química durante el fraguado que se producirá al amasarlo con agua. El fraguado suele comenzar a los 2 o 3 min de su amasado y terminar a los 15 o 20 min, lo que condiciona su puesta en obra. Además, en esta fase se desprenderá calor y se producirá contracción seguida de un aumento del volumen de aproximadamente el 1 %.

La adherencia del yeso suele ser buena con casi todos los materiales, pero se ve afectada tanto por la humedad como por el paso del tiempo.

El yeso ataca al hierro por lo que se deberá proteger este mediante pinturas, galvanizado, etc.

Por último cabe decir que el yeso posee una muy buena resistencia al fuego debido a su composición química.

Yeso proyectado

4.2. Cal

Al igual que el yeso la cal viene empleándose en construcción desde tiempos muy antiguos. Procede del tratamiento de la piedra caliza.

Existen dos tipos de cales, las aéreas y las hidráulicas. Las primeras son los productos que se obtienen de las piedras calizas cuando se someten a la acción del calor con temperaturas entre los 900 y 1000 °C (calcinación) mientras que las segundas se obtienen cuando las piedras calizas empleadas en su fabricación contienen impurezas de tipo arcilloso en proporción superior al 5 %.

Nota

Las cales aéreas son materiales aglomerantes que tienen la propiedad de endurecerse después de ser amasadas con agua debido a la acción del anhídrido carbónico del aire. Las cales hidráulicas por la acción de las impurezas que contiene la materia con las que se originan (sílice y alumina) también endurecerán en agua, propiedad que las caracteriza y las hace muy útiles en diversos usos.

El fraguado en cales aéreas no está especificado en las normas españolas, aunque puede considerarse que este será lento. En las hidráulicas no comenzará antes de dos horas y no terminará hasta pasadas 48 h.

Las cales proporcionan a los morteros plasticidad, lo que facilitará su puesta en obra al ser fácilmente extendida con la llana. Por otro lado no dan resistencias altas, consiguiéndose estas a largo plazo.

4.3. Cemento

Es el material conglomerante más moderno de los existentes en construcción. Se compone de materiales finamente divididos obtenidos por la molienda conjunta de clínker (mezcla de caliza, marga, arcilla, sílice, alúmina y óxido de hierro), yeso (entre el 3 y el 6 %) y adiciones (escoria de alto horno, filler calizo, puzolanas, etc.).

Actividades

7. Buscar información sobre los tipos de cementos que existen en el mercado.

Los cementos se clasifican por sus categorías (portland, siderúrgico, puzolánico, etc.) y por sus resistencias, influyendo en estas las proporciones de las mezclas, el grado de molienda, la forma del amasado, su duración, la temperatura ambiente y la de la mezcla, la cantidad de aire ocluido, la composición mineralógica y química del clínker, la estructura cristalina, su porosidad, las condiciones de humedad, la cantidad de regulador de fraguado, etc.

El fraguado, que es el punto en el que el cemento pasa de consistencia plástica a sólida, limita el tiempo en el que se puede usar el cemento antes de que cristalice.

Saco de cemento abierto

Nota

Suele comenzar a los 45 min de su amasado y terminar a las 12 h, comenzando entonces la fase de endurecimiento durante la cual aumentará la resistencia del elemento.

Otra de las características de utilización del cemento serán las variaciones de volumen, bien por cambios de temperatura o bien por el agua de amasado. El aumento de la cantidad de agua por error o para mejorar su trabajabilidad en obra deja huecos al evaporarse y se produce de esta manera una pérdida considerable de resistencia.

El cemento debe estar finamente molido, pero no en exceso. Influye en la velocidad de las reacciones químicas en el fraguado y durante el primer endurecimiento. Una finura excesiva provocará retracción y alto calor de fraguado.

Aplicación práctica

Como encargado de obra de una edificación tendrá que formar a los peones ordinarios. En esta función de formación deberá de indicarles las principales diferencias que existen entre los morteros de yeso y los de cemento que se utilizan en construcción, detallando sus principales características y donde se utilizarán cada uno de forma general.

SOLUCIÓN

El mortero de yeso tiene su principal aplicación en paramentos interiores por su incompatibilidad con el agua. En cambio, el acabado que facilita es mucho más liso y perfecto y su coste es inferior al del cemento, aunque también lo es su resistencia. Sin embargo su plasticidad es superior, de ahí que la última hilada de las particiones interiores en su encuentro con los forjados se realice con morteros de yeso.

El mortero de cemento es de una resistencia muy superior por lo que se empleará en el tomado de las piezas cerámicas que componen un paramento, aumentando la dosificación y por lo tanto su resistencia en función de si el soporte tiene función estructural o no.

El mortero de cemento tiene también mayor resistencia a las inclemencias meteorológicas externas además de ser compatible con el agua.

Por último, el tiempo de fraguado en los morteros de yeso es inferior a los morteros de cemento de ahí que se utilicen en la nivelación de premarcos y marcos, pero para su recibido posterior y definitivo con la fábrica se emplea mortero de cemento que lo dota de mayor resistencia a los posibles impactos que se produzcan.

4.4. Pastas

Se entiende por pasta la mezcla homogénea de un conglomerante y agua. El volumen de agua utilizado en el amasado y su relación con el conglomerante permitirá establecer los siguientes tipos de consistencia:

- Lechada: agua/conglomerante > 1.
- Normal: agua/conglomerante $= 1$.
- Untuosa: agua/conglomerante < 1.

Nota

También puede establecerse el siguiente criterio de clasificación semejante al anterior:

- Normal: el volumen de agua es igual al volumen de huecos del conglomerante.
- Fluida: el volumen de agua es mayor.
- Seca: cuando el volumen de agua es menor.

Actividades

8. Indicar las condiciones que debe cumplir el agua empleada en la elaboración de pastas.

4.5. Morteros

Un mortero es una masa plástica obtenida al amasar un conglomerante (o varios) con arena y agua. El mortero al fraguar recibirá la consideración de material pétreo artificial. El mortero, además de usarse en albañilería como material de agarre de piezas cerámicas o en pavimentación y revestimientos, será el más empleado en los tratamientos de regularización.

Sabía que...

El mortero empleado por la civilización islámica afincada en los márgenes del Nilo estaba compuesto por cal apagada (2 a 3 partes), y fango extraído del Nilo. Sin embargo, cuando se confeccionaba para obras hidráulicas se le añadía ladrillo triturado.

Los morteros pueden clasificarse **según el conglomerante** utilizado para su conformación: cemento, yeso, cal, o bastardos (que son cuando están constituidos por más de un conglomerante compatible entre sí), o **según la masa volumétrica:** siendo ligeros cuando el valor obtenido para la masa del mortero sea menor a 1.500 kg/m^3 y pesados cuando dicha masa sea superior.

Otra forma de clasificación de los morteros será según el aditivo empleado en su formación, pudiendo utilizarse aditivos reguladores del fraguado, plastificantes, aireantes, anticongelantes, impermeabilizantes o colorantes.

Con la adición de aditivos se intervendrá en diferentes características del mortero según el que se utilice. Entre estos aditivos destacan:

- **Reguladores del fraguado.** Aceleran o retrasan, en función de las necesidades de ejecución, el tiempo normal de fraguado.
- **Plastificantes.** Potencian la docilidad y plasticidad del mortero, así como su adherencia y durabilidad. Su incorporación disminuye la relación agua/cemento y se produce un incremento de la resistencia.
- **Aireantes.** Al igual que los plastificantes aumentan la docilidad del mortero aunque su acción es distinta. Las microburbujas que se generan disminuirán el rozamiento que existirá entre los distintos componentes, lo que hace que el mortero sea más impermeable, homogéneo y resistente a las heladas.
- **Anticongelantes.** Su misión será la de generar reacciones exotérmicas en el cemento evitando de esta manera la congelación.
- **Impermeabilizantes.** Favorecen la impermeabilidad del mortero ya sea ante el agua capilar o a presión, no obstante, su uso debe ser vigilado ya que disminuyen la resistencia e incrementan la retracción.
- **Colorantes.** Modifican el color natural del mortero.

Recuerde

Los aditivos que se emplean en la formación de morteros pueden ser reguladores del fraguado, plastificantes, aireantes, anticongelantes, impermeabilizantes o colorantes.

Mortero coloreado

El destino del mortero también puede producir una clasificación dentro de los morteros distinguiéndose entre morteros para albañilería (fábricas de ladrillo, recibido de elementos de carpintería, material de agarre en solados, alicatados, etc.), para revestimientos (en enfoscados, guarnecidos, enlucidos y revocos de paramentos) y especiales (morteros hidrófugos, impermeables, etc.).

4.6. Adhesivos

Los adhesivos o morteros cola se definen como productos pulverulentos dosificados en fábrica formados por cementos, cargas y elementos secundarios para amasar con agua en obra. Se distinguen morteros cola de tipo grueso, de tipo especial, modificado por resina líquida, con ligantes mixtos incorporados o de dos componentes.

Los morteros cola de dos componentes se formarán con un elemento en polvo, generalmente polvo, y un elemento líquido para amasar en obra sin la incorporación de agua.

Se deben destacar también los morteros prefabricados retardados que son morteros constituidos por un conglomerante (cemento), arena y agua, a los que además, y en términos generales, se les incorporarán aditivos retardadores, plastificantes y aireantes. Estos aditivos tendrán la misión de hacer al mortero más manejable, más homogéneo y reducir el agua de amasado. Además, y fundamentalmente, retrasan el proceso de fraguado, aumentando el tiempo efectivo de colocación que puede llegar a variar desde unas horas hasta días.

Nota

El agua empleada para el amasado de morteros, pastas y adhesivos deberá ser potable y las que tradicionalmente se vengan empleando en la zona.

Actividades

9. Buscar distintos tipos de morteros cola.

5. Equipos para regularización y adherencia de soportes para revestimiento

Por equipos para regularización y adherencia de soportes para revestimiento se entienden todos aquellos útiles y herramientas de trabajo que precise el operario para poder desenvolverse con soltura en el cumplimiento de sus actividades profesionales.

Los equipos de trabajo de los operarios encargados de realizar estas operaciones no son muy complicados, ni tampoco son muchos los modelos existentes, si bien el número de elementos y su categoría dependerán de la obra a realizar (grandes o pequeñas superficies, lisas o con relieves), estado del soporte previo y, principalmente, material que lo componga.

Según los soportes sobre los que se apliquen los métodos de regularización y adherencia se pueden dividir en tres grupos bien diferenciados:

- Superficies de yeso, mortero y hormigón.
- Superficies de madera.
- Superficies metálicas.

El estado del soporte se refiere a la existencia de dos posibilidades distintas:

- Superficie nueva, que deberá ser objeto de un recubrimiento previo.
- Superficie vieja que ya haya sido revestida.

5.1. Selección

Todos estos aspectos definidos en los párrafos anteriores atañen al método de regularización y adherencia a emplear y a la elección de las herramientas y equipos que se utilizarán en el desarrollo de las mencionadas tareas.

Además, en cuanto a los equipos a emplear propiamente dichos se consideran tres grupos:

- Elementos dedicados a trabajos preparatorios.
- Elementos destinados a la aplicación de los materiales de regularización y adherencia.
- Elementos complementarios o auxiliares que no intervienen de manera directa en los trabajos de regularización, pero que no obstante son necesarios y, en ciertas ocasiones, totalmente imprescindibles para poder llevar a cabo la misión impuesta.

Recuerde

Existen tres tipos de equipos empleados en las tareas de regularización y adherencia de soportes: los destinados a tareas preparatorias, los destinados a la aplicación de los materiales y los utilizados de forma complementaria o auxiliar de la tarea principal.

Material auxiliar

Son muchos los elementos auxiliares que pueden ser incluidos dentro de tal denominación; los más corrientemente empleados son las escaleras, caballetes y andamios. Estos equipos auxiliares tienen como objeto formar planos de sustentación situados a diferentes niveles, desde los que poder trabajar a diferentes alturas.

Las **escaleras** pueden ser sencillas o dobles. Las primeras se llaman también escaleras de pared porque para su empleo es necesario contar con un punto de apoyo situado en la vertical de un paramento cualquiera sobre el que hacerla descansar. Su uso es peligroso porque requieren un cierto ángulo de inclinación pasado el cual pueden hacer que el operario resbale o caiga.

Tipos de escaleras

Las escaleras dobles se hallan formadas por la unión de dos sencillas, apoyadas una contra otra por la parte superior y sujetas con una bisagra, de manera que cuando no se usen pueden plegarse y ocupar de esta forma menos espacio.

Importante

La longitud de las escaleras es variable, siendo las medidas más corrientes entre 2,5 m y 3,5 m para las dobles, y entre 4 m y 5 m para las sencillas.

Además de las escaleras simples y dobles, un medio auxiliar muy utilizado sobre todo en trabajos de interior o cuando la altura no es muy alta, es la utilización de **caballetes,** sobre los que se pone una superficie horizontal, pudiendo elevar el plano de trabajo. Los caballetes eran muy utilizados con tablones de madera; hoy día se deben utilizar chapas metálicas con sujeción en el caballete para utilizarlo como andamio y poder trabajar encima.

Está totalmente prohibido utilizar las escaleras simples o dobles a modo de caballete con travesaños por el riesgo de accidentes que presenta. En el mercado existen escaleras multifunción que se pueden utilizar como pequeños andamios y que están diseñados para ese fin.

Los **andamios** son estructuras que permiten trabajar en alturas superiores; un andamio debe tener tres cualidades fundamentales: ligereza, rapidez de instalación y economía de coste.

Existen diferentes tipos de andamios según el trabajo que se vaya a realizar y las dimensiones del mismo.

Nota

Generalmente se utilizan perfiles metálicos soldados para su formación.

Las estructuras metálicas tubulares han sustituido a los antiguos medios auxiliares de madera (prohibidos hoy en día en muchas de sus utilizaciones) proporcionando grandes ventajas en cuanto a seguridad, reducido volumen y facilidad de transporte.

También existen los llamados andamios móviles que suelen ser colgantes y se mueven en la vertical de la edificación reduciendo o aumentando su altura mediante la utilización de polipastos, combinaciones de poleas y motores eléctricos para su accionamiento. El suministro eléctrico existente en la obra donde se realicen los trabajos de preparación de soportes es un condicionante a la hora de seleccionar estos equipos, ya que en muchas ocasiones deberá ser trifásico.

Definición

Polipasto
Aparejo que se emplea mediante un sistema de poleas para elevar cargas desde niveles inferiores a niveles superiores. También se conoce como maquinillo, winche o winchi.

Escaleras, tablones y andamios constituyen el material complementario de uso obligado. Circunstancialmente el operario puede necesitar otros medios auxiliares como baldes para almacenamiento de agua, plomadas, reglas, escuadras, etc.

Actividades

10. Indicar los distintos tipos de andamios que usted conoce.

Material de preparación

En este grupo se incluirá un cierto número de herramientas características de las tareas de regularización y adherencia que se corresponden con la realización de los trabajos estudiados.

La **espátula** será uno de los útiles empleados en las tareas previas a la ejecución. Esta es una lámina de acero bien templado que presenta diversas formas en función de la misión que le corresponda cumplir. Va provista de mango de plástico, metálico o madera.

La misión de la espátula es la de alisar la superficie que se vaya a tratar para dejarla uniforme y plana, además será el instrumento con el que se apliquen masillas para rellenar huecos y para rascar la pared quitando las películas de posibles pinturas viejas que puedan existir en el paramento. También se utilizan ciertos tipos de espátulas en la labor de amasar y mezclar morteros.

Comúnmente se designan de manera indistinta estas herramientas con los nombres de espátulas, cuchillas y rasquetas. En realidad, el nombre genérico debería ser el de cuchillas, correspondiendo la clasificación de espátulas a las de hoja larga y estrecha, así como el de rasquetas a la de hoja triangular, corta y de base ancha.

Nota

Tanto la anchura como la longitud de la hoja se valoran en función del trabajo a llevar a cabo. Estas circunstancias serán por lo tanto determinantes en la elección de las espátulas.

Las **esponjas** son otros útiles muy empleados en las tareas de preparación de los soportes, conservación de superficies y aplicación de decapantes. Las esponjas suelen ser naturales y artificiales. Las primeras son de calidad muy variable aunque a causa de su mayor suavidad son insustituibles para la ejecución de ciertos trabajos. Las segundas, constituidas fundamentalmente por celulosa mezclada con una sal soluble al agua son compuestos muy ligeros capaces de absorber de 15 a 20 veces su volumen, y muy resistentes al calor, pues soportan temperaturas superiores a los 100º. Debido a estas características, a que son más económicas, y a que son fabricadas en el tamaño y forma más adecuada a cada función a realizar tienen mayor aceptación, hasta el punto que puede decirse que han desplazado completamente a las naturales.

Deben citarse también los **cepillos.** Estos son instrumentos usados tanto para la limpieza del polvo superficial como para el lavado previo de los soportes y aplicación de algunos tipos de materiales. Por lo común son empleados los de cerda dura.

Las **lámparas de soldar** con equipos portátiles de gas se utilizan para el quemado de superficies eliminando pinturas viejas que sea necesario retirar, para quemar suavemente nudos de resinas, y para secar paramentos puntuales antes de la aplicación del material de regularización o adhesión. Las lámparas de rayos infrarrojos de manejo más sencillo y menos peligroso, son muy empleadas también para estos trabajos. Algunos acabados superficiales pueden ablandarse con la aplicación de calor siendo necesario completar la actuación con la ayuda de rasquetas o espátulas.

Los equipos utilizados para la realización y mezclado de morteros también son imprescindibles en estos trabajos, **pasteras** o cubetas para la recepción de los materiales y donde se realizará el proceso de mezclado, **batidoras eléctricas** para facilitar un amasado homogéneo y continuo de la mezcla, y **hormigoneras** donde se realizará de forma conjunta ambas funciones, recepción de los materiales y batido de la mezcla, son las empleadas normalmente.

Nota

En ocasiones, para pequeños trabajos y de forma excepcional, la confección de morteros puede realizarse sobre plataformas impermeables o sobre el mismo suelo protegido con material plástico, vertiendo la arena formando un círculo con un cono invertido (embudo) en su centro en el que se introducirán los elementos del mortero, (cal, yeso, aditivos, etc.) regándose todos los materiales, al mismo tiempo que se da comienzo a su paleo y mezclado para conseguir una mezcla íntima y uniforme.

La realización de las tareas de mezclado y batido de morteros viene siendo realizada por los peones ordinarios. Estos operarios son los que tienen menor experiencia y formación en el sector de la construcción y recae sobre sus espaldas la gran responsabilidad de la correcta dosificación de sus componentes.

Importante

Las dosificaciones de los morteros se establecen según el número de partes en volumen de los componentes que los constituyen. La cantidad de agua, al depender de la consistencia requerida por las exigencias de la unidad de obra de que se trate, no aparecerá en la mencionada dosificación.

La importancia de una correcta dosificación, complicada en ciertos tipos de morteros, y también de un buen mezclado y batido de los morteros para una mayor durabilidad del material, ha facilitado la incorporación de los morteros prefabricados o realizados en fábrica en los que su empleo se limita en muchas ocasiones a la adición de la correcta cantidad de agua necesaria para su puesta en obra.

11. Indicar los pasos a realizar para elaborar una "liga" de mezcla.

Material de aplicación

Los equipos y útiles empleados para la aplicación de los materiales de regularización variarán en función del tipo de acabado que se pretenda en la superficie a tratar.

Los **peines,** por ejemplo, se emplearán para el grabado de rayas en los acabados mediante la utilización de útiles de acero o cuero, según su destino, provistos de un número determinado de púas cuyo diámetro y separación vendrá determinado en función del trabajo a realizar. Los **cepillos,** por su parte, se emplearán para dotar a la superficie, en estado fresco aún, de un acabado rugoso que dependerá tanto del estado del material que reciba este tratamiento como del grosor del revestimiento, así como de la habilidad del operario en su empleo.

No obstante, el equipo más importante en la ejecución de estos trabajos será el e**quipo de compresión con pistola.** Este equipo es indispensable en la ejecución de grandes superficies y debe disponer de amplia y segura ventila ción para su utilización.

Consiste esta forma de aplicación en proyectar un chorro de aire a gran presión en la mezcla a aplicar, la cual, de esta manera, es repartida de manera uniforme en minúsculos corpúsculos cuya superposición formará la capa de acabado. Esta metodología ha desbancado a métodos manuales de aplicación a consecuencia del rendimiento que puede obtenerse, y por consiguiente del coste, haciendo en muchas ocasiones impensable la utilización de cualquier otro tipo de método.

Recuerde

El equipo de proyección mediante aire es el más empleado en las tareas de regularización y adherencia de soportes en su preparación para el revestido.

Con los equipos de compresión el acabado es proyectado al soporte empleando una corriente de aire comprimido a través de una pistola. La alimentación del material se realiza por medio de depósitos en donde se hallará almacenado, y el aire a presión provendrá de equipos compresores adjuntos.

El compresor, como su propio nombre indica, tiene por misión comprimir el aire que toma, aire que, convenientemente administrado, pasará a la pistola y pulverizará la mezcla. El compresor de aire irá accionado por un motor eléctrico o de gasoil.

Compresor de aire

5.2. Comprobación y manejo

Las comprobaciones a realizar en los equipos que se emplean en las tareas de regularización y adherencia de soportes previos a la aplicación de cualquier revestimiento, así como el manejo de los mismos, dependerán fundamentalmente de si se tratan de herramientas manuales ordinarias o si por el contrario son equipos eléctricos o accionados por aire a presión.

En el caso de las herramientas manuales su comprobación es muy sencilla y se basa en el sentido común del operario encargado de su utilización. Habrá que revisar el estado de los elementos que las integran (hojas, mango, frenos, etc.), no solo en cuanto a la falta de mellados o roturas de sus piezas, sino también en lo referente a los materiales que las componen, evitando cristalización en plásticos, holguras en maderas, etc.

Recuerde

Deberán evitarse siempre utilizaciones inapropiadas o que puedan comprometer la seguridad y salud del trabajador que realice la tarea o cualquier otro que le rodee.

Por su parte, las comprobaciones a realizar en los equipos accionados bien eléctricamente, o bien por aire a presión, vendrán definidas por el fabricante del mismo en sus instrucciones de utilización y mantenimiento, aunque las básicas deben centrarse en el estado de las conexiones a los medios de accionamiento y en las mangueras de alimentación a los equipos manuales.

Importante

Tanto en el empleo de herramientas manuales como en las accionadas eléctricamente o por aire a presión mediante compresor, la comprobación de la existencia del marcado CE del elemento que se emplee en la ejecución servirá también para poder documentar la verificación que se haya realizado pudiendo dejar anotado los datos incluidos en el mencionado marcado o incluso exigir su presentación en el momento de su adquisición.

Actividades

12. Explicar qué comprobaciones realizaría antes de utilizar un equipo de aire a presión.

6. Ejecución de tratamiento de regularización

Se tratarán a continuación los principales trabajos de tratamientos de regularización de superficies que se llevan a cabo actualmente en construcción.

6.1. Raspado

La operación de raspar el soporte sea muro, techo, puertas o ventanas se emplea en la restauración de pinturas deterioradas o viejas y en la preparación de soportes para su posterior revestimiento.

El objeto del raspado es eliminar, como sucede en el lavado, los defectos procedentes de pinturas o revestimientos ya existentes, pero en lugar de limitarse a lavar la superficie, respetando la capa de pintura o revestimiento existente, se procede a eliminar esta última totalmente.

Para reblandecer la película se utilizan algunos productos especiales como los quitapinturas, que son decapantes universales capaces de eliminar todo tipo de pinturas, aceites y esmaltes viejos.

Los decapantes son más fáciles de manejar que los compuestos cáusticos habituales, y mucho menos peligrosos que la candileja o lámpara de gas.

La candileja o lámpara de gas utiliza la llama para elevar la temperatura del punto en donde la misma se aplique. Tratándose de superficies de madera su misión será la de quemar la película de pintura para que posteriormente sea extraída con una espátula.

Su uso requiere una gran práctica para evitar que se incendie la pintura y se produzcan quemaduras en el soporte, que luego afectarían al recubrimiento posterior. Por otra parte, la candileja es en sí misma un instrumento peligroso que, además, no tiene aplicación en los paramentos ni en los techos.

Un buen decapante elimina toda clase de riesgos, es cómodo de aplicar y los resultados suelen ser bastantes satisfactorios.

El soporte será sometido a la acción del producto quitapinturas utilizando al efecto una esponja o una brocha, dejando reposar el tiempo que cada preparado indique en las instrucciones facilitadas por el fabricante.

La subsiguiente operación de arrancar la película tendrá lugar con una cuchilla, espátula o rasqueta.

No estará de más advertir que estas herramientas requieren ser manejadas con cierta destreza para evitar que muerdan el enlucido o el mortero de la pared, ocasionando desperfectos que después tendrán que ser reparados.

Actividades

13. Indicar qué operación hay que realizar antes de ejecutar el raspado.

6.2. Lijado

El lijado se conoce como la operación de igualar la superficie del soporte eliminando aquellos salientes que pudieran ofrecer mediante el papel de lija o cualquier otro elemento rugoso capaz de realizar esta función.

Los salientes pueden ser debidos a fallos originales del material de revestimiento, o a deficiencias en la aplicación de los plastes en el taponamiento de grietas y huecos, visibles en los bordes o zonas de unión.

Al mismo tiempo, el pasado en seco del papel de lija por la superficie que deba ser pintada o revestida mejora considerablemente las condiciones de recepción de materiales y la prepara para una mejor adherencia.

Ejemplo

En el caso de una pared pintada al óleo, el lijado sirve para preparar convenientemente el soporte en el supuesto de que la conservación de la vieja película sea buena y por lo tanto pueda evitarse el decapado y consiguiente raspado. Así se consigue recibir en buenas condiciones de adherencia la nueva pintura.

A esta operación de lijar totalmente el soporte se le denomina pulido y también, en ciertas condiciones, bruñido. Para trabajos especiales como los que requiere una pintura al "Duco" se emplea la piedra pómez en polvo, mojando previamente la superficie a pulimentar, lo que recibe el nombre de apomazado.

6.3. Plastecido

Por plastecido o emplastecer se entiende la operación de rellenar los huecos (agujeros, grietas, hendiduras, etc.) que presente la superficie que va a ser revestida al objeto de conseguir un aspecto liso, plano, y lo más homogéneo posible, apto para recibir la capa final denominada acabado, sea de la naturaleza que sea.

El plastecido también se denomina enmasillado porque para realizar este tipo de trabajos se utilizan diversos tipos de masilla. Ahora bien: dado que pastas y masillas son, en realidad, tipos de aparejos, quizá fuera más ortodoxo denominar aparejos a cualquier clase de producto que pudiera utilizarse para plastecer un soporte.

Un aparejo tiene distinta composición según sea el material que presenten los fondos. En general es bastante pastoso, contiene un aglomerante graso, oleorresinoso o de cola encargado de evitar retracciones después del secado que originen embebidos.

Sabía que...

Un embebido es un defecto motivado por falta de continuidad en la capa de la imprimación. El fondo reclama la grasa que no tiene en aquel punto y la roba (la bebe) de la película de pintura o revestimiento que se tiende encima. Al secar se advertirán las zonas por su diferencia de entonación mate.

El aparejo se aplica a la espátula tapando los fallos uno a uno. Si el fondo se ha teñido de color, también deberán colorearse los plastes, porque de esta forma será más fácil taparlos homogéneamente con el revestimiento de acabado.

Cuando las grietas o huecos son de tamaño relativamente grande resulta obligado mezclar un poco de escayola en polvo con el aparejo, haciendo pequeñas proporciones para que no se endurezca y dé tiempo para trabajar con ellas.

Por el contrario, cuando las imperfecciones del soporte sean pequeñas, pero muy abundantes y profundamente repartidas por toda la superficie a tratar, entonces será aconsejable diluir el aparejo para hacerlo más fluido y repartirlo en una capa homogénea mediante brocha o pistola de proyección.

A esta operación de emplastecer ligeramente la totalidad del soporte se la denomina tendido.

Los tres tipos de aparejo más corrientemente utilizados reciben los nombres de:

- Aparejo graso.
- Aparejo sintético.
- Aparejo a la cola.

El aparejo graso es una masilla a base de aceite de linaza y blanco de España, en la proporción de 15 y 85 % respectivamente, adicionando una pequeña cantidad de secante.

En los preparados de superior calidad el aceite es de madera de China, a fin de acelerar el proceso de secado, y parte del blanco de España es sustituido por blanco zinc.

En ambos casos, independientemente de la calidad del aparejo, se aplican con suavidad y se lijan fácilmente.

En la composición de los aparejos sintéticos entran resinas artificiales para que el endurecimiento se consiga más rápidamente.

También cabe destacar los aparejos a la cola. Estos tienen aplicación en superficies de madera y de albañilería, mientras que los anteriores pueden trabajar en cualquier otro tipo de soportes. Se componen esencialmente de cola fuerte y blanco de España, agregando una pequeña proporción de yeso muerto a la misma con el solo objeto de reducir el coste del material.

Preparación de superficie

Actividades

14. Exponer diferentes ejemplos en los que se realice la operación de plastecido.

6.4. Vendado

En zonas de fisuración y agrieteadas la utilización de vendas para su reparación es una técnica muy empleada como método de regularización de superficies.

El vendado de la zona tratada transmitirá al paramento la suficiente elasticidad como para que este absorba los posibles movimientos impidiendo su transmisión al revestimiento y por consiguiente las futuras fisuras o grietas del revestimiento.

Para la ejecución del vendado se emplearán mallas de fibra de vidrio o plásticas. La aplicación del vendado no se realizará en la superficie completa del paramento donde haya aparecido la fisuración, aunque tampoco debe delimitarse única y exclusivamente a la fisura, debiendo conexionar las zonas de paramento junto a la zona fisurada. Una buena práctica es realizar bandas de unos 50 cm de anchura, dejando la fisura en la zona central, de forma que a cada lado de la fisura queden unos 25 cm de bandas aproximadamente.

Normalmente, la tarea del vendado debe ir precedida de un limpiado de la zona a tratar, un retirado del material defectuoso o mal adherido, y un sellado de las fisuras previas a la colocación de la venda. Posteriormente se deberá revestir con un material compatible al revestimiento planteado para el paramento.

Es muy buena práctica constructiva el reforzar zonas en las que la fisuración suele aparecer con vendados longitudinales como en los emparchados de forjados y pilares o siguiendo las líneas de los petos de cubierta.

Aplicación práctica

Como encargado de obra indíquele al operario las tareas que deberá realizar para regularizar una superficie mediante plastecido y vendado de los elementos de fábrica del soporte.

SOLUCIÓN

Se debe comenzar realizando una inspección visual de la superficie sobre la que se trabajará detectando posibles zonas donde sea necesario la aplicación de métodos de regularización del paramento.

En las zonas donde se hayan detectado huecos, agujeros, grietas o hendiduras deberá procederse a su rellenado creando una superficie lo más plana, lisa y homogénea que sea posible. Este relleno se realizará con material apropiado dependiendo del existente en el soporte, por ejemplo, la tarea de plastecido en paramentos de pladur se realizará con pasta de escayola mientras que en los paramentos enfoscados será con pasta de mortero.

Realizado el plastecido del paramento se procederá a su vendado en las zonas donde se hayan detectado grietas. En las zonas superiores e inferiores de huecos, en una línea a 45° de sus esquinas, es frecuente la aparición de grietas y fisuras por la transmisión de esfuerzos de los paños superiores a los inferiores, así que serán zonas a vendar. También en los paramentos de pladur se vendarán las uniones entre las placas de escayola que los conforman.

Para la ejecución del vendado se empleará malla de fibra de vidrio o de plástico sustentada del soporte en una banda de unos 50 cm en la que la fisura se dejará en la zona intermedia de la misma.

Actividades

15. Indicar diferentes ejemplos de utilización de la técnica del vendado en construcción.

6.5. Nivelación de suelos

La nivelación de suelos se realiza mediante productos autonivelantes que sirven para alisar los suelos y sobre todo para corregir los defectos de nivel de estos. Esta técnica se empleará en soleras de hormigón, en suelos revestidos de baldosas cerámicas, o en pavimentos de madera laminada y siempre antes de la instalación del nuevo revestimiento que se halla proyectado.

Nota

La comprobación del nivel del soporte existente sobre el que se trabajará debe realizarse con la regla metálica y el nivel de burbuja y deberán marcarse las zonas desniveladas.

Estas pastas sirven para solventar defectos de nivel de hasta 10 mm de espesor. Cuando el desnivel supere dicha barrera establecida se utilizarán morteros para corregir los desniveles que se encuentren.

Para su ejecución deberán desmontarse previamente los rodapiés perimetrales y eliminarse con el rascador todas las partículas que se desprendan de las fisuras, así como rascar en forma de V las juntas entre baldosas o lamas de madera.

Tras la realización de la tarea de rascado se procederá a la aspiración del polvo de las fisuras hasta dejarlas totalmente limpias y a su posterior sellado con el mismo mortero de nivelación mezclado con arena fina.

Para los suelos de madera y parqué los soportes deben ser estables, sin flexión y con las lamas bien pegadas. Se deberá revisar el estado de las lamas y fijarlas con clavos si se encuentran sueltas, tapar las juntas o fisuras con mortero cola y, si existen juntas entre paneles, rellenarlas con masilla fijadora y cubrirlas con una malla que quedará fijada con la propia masilla.

Definición

Masilla
Pasta de relleno elástico que se emplea en construcción en multitud de usos de forma previa a un acabado posterior.

Como norma general los soportes de madera sobre los que se va a aplicar una pasta niveladora deben tener una gran estabilidad y no ser deformables.

En suelos con baldosas se deberá sondear toda la superficie a nivelar y quitar las baldosas que suenen a hueco. Posteriormente se deberá rellenar el lugar que ocupaban las baldosas eliminadas con mortero cola o con masilla fijadora de secado rápido.

Para la ejecución de las tareas de nivelado de suelos se deberán distinguir tres escenarios diferentes que condicionarán el comienzo de los trabajos:

- **Desnivel inferior a 10 mm.** Se aplicará directamente la pasta de nivelación.
- **Desnivel de 10 a 25 mm.** Se deberá comenzar con una capa de mortero de nivelación no autoalisante (pasta niveladora más 50 % de arena). Una vez seco el mortero se dará una mano de imprimación de adherencia.
- **Desnivel de unos 30 mm.** Aplicar un mortero (2,5 partes de arena más 1 de cemento) hasta alcanzar el recrecido del suelo necesario. Este mortero no es autoalisante por lo que habrá de aplicarse después una mano de imprimación de adherencia.

En la preparación de la pasta de nivelación de suelos se deberá amasar la mezcla mecánicamente con la ayuda de un taladro provisto de un accesorio mezclador a 500 vueltas por minuto aproximadamente, siguiendo las proporciones indicadas por el fabricante, y se dejará reposar la mezcla durante unos cinco minutos.

Importante

La mezcla que se obtenga deberá ser fluida y homogénea (de la consistencia de un jarabe espeso por ejemplo).

La aplicación de la pasta amasada deberá partir de la imprimación de una capa previa de adherencia mediante rodillo o con cepillo, lo que conseguirá una adherencia perfecta de la pasta al soporte.

Consejo

En locales húmedos es recomendable extender una capa de impermeabilizante sobre la imprimación de adherencia antes de la aplicación de la pasta de nivelación.

La pasta, una vez realizada la imprimación previa, deberá ser vertida sobre el suelo trabajando de 1 a 2 m^2 cada vez, y extendiendo el producto con la llana de nivelación respetando el espesor requerido para el total de la estancia tratada. Una buena práctica de ejecución será la de comenzar la aplicación por la esquina opuesta a la puerta de salida de la habitación.

El tiempo de autonivelación es de aproximadamente 15 min, las irregularidades desaparecen al endurecerse la pasta. El tiempo de secado es de 2 a 4 h (dependerá del espesor de la capa y también de la temperatura ambiente). Se deberá esperar 24 h antes de la aplicación de una segunda capa, si fuese necesario, o el nuevo material de acabado.

Actividades

16. Buscar información en relación al comportamiento de los morteros autonivelantes.

Aplicación práctica

Se comienza la instalación de un pavimento laminado de madera. Para su realización se desarrollan las operaciones que se enumeran a continuación:

1. **Comprobación del desnivel existente en el soporte base antes del inicio de la ejecución.**
2. **Si el desnivel del mismo es igual o inferior a 20 mm se aplicará el mortero de nivelación.**
3. **Si el desnivel detectado en la primera tarea es superior a 20 mm se realizará un proceso previo de regularización en las zonas que estén fuera de este rango.**
4. **Lijado de la superficie eliminando restos.Detecte los errores que se han cometido.**

SOLUCIÓN

La primera tarea a realizar incluso antes de la comprobación del desnivel será la implantación del tajo de trabajo en la obra, disponiendo los medios auxiliares que se necesiten. Además deberá eliminarse el rodapié perimetral y rascar las uniones de las baldosas existentes en forma de V limpiando posteriormente la superficie mediante un aspirado. Si el soporte existente son baldosas cerámicas también se deberán eliminar las que suenen huecas en su golpeado rellenando la zona con mortero hasta el nivel que se haya planteado.

El desnivel límite para el vertido directamente del mortero de nivelación en un tratamiento de regularización es de 10 mm como máximo y no de 20 mm.

6.6. Colocación de guardavivos

Las esquinas y ángulos en el interior de los edificios suelen protegerse contra las acciones mecánicas (golpes, roces, etc.) mediante el empleo de guardavivos.

A veces la misma "chapa desplegada" protege al soporte mediante un recubrimiento que a su vez acusa la arista.

No obstante, es corriente el formar este "vivo" utilizando guardavivos de cinc o, al menos galvanizados, cuya colocación se hace sujetándolos bien a la fábrica, a ser posible por medio de clavos galvanizados, abrazaderas o grapas recibidas en ella, o sujetos a tacos introducidos en las fábricas.

La colocación se hará con anterioridad al tendido de los paramentos, el espesor del revestimiento tendrá de grueso el saliente de los guardavivos, y la arista será la esquina del canto del guardavivo.

Guardavivo instalado

Actividades

17. Indicar brevemente los métodos de regularización de superficies que conoce y en qué consisten.

Aplicación práctica

Se está trabajando en el alicatado de un cuarto de baño en el que se debe aplacar el conducto de ventilación que lo atraviesa, existiendo en el mismo una esquina que deberá protegerse mediante guardavivo. Se indican las operaciones que se realizarán para su ejecución, debiendo detectar los posibles errores que se hayan tenido en el planteamiento desarrollado a continuación:

1. **Implantación del tajo de trabajo en la vivienda disponiendo los medios auxiliares que se necesiten.**
2. **Medición de la longitud necesaria para el guardavivo.**
3. **Corte del guardavivo a la longitud dada tras su retirada de la zona de acopio donde se ha almacenado previamente.**
4. **Ejecución de los paramentos.**
5. **Fijación del mismo al soporte base mediante clavos.**

SOLUCIÓN

En primer lugar se ha de destacar que la fijación del guardavivo al soporte ha de realizarse de forma previa a la ejecución del paramento, como es lógico. Además la fijación debe efectuarse mediante clavos galvanizados. Tampoco se ha comprobado la nivelación previa de la esquina. Esto debe hacerse mediante una plomada, y si esta no fuese correcta, habría que aplicar algún tratamiento de regularización mediante mortero de cemento o cola.

7. Ejecución de tratamientos de adherencia

Como ya sabe, en muchas ocasiones la adherencia del soporte base sobre el que se va a aplicar el revestimiento de acabado no es la adecuada. Se tiene que tener en cuenta que trabajar en esas condiciones repercutirá negativamente en la ejecución, teniendo posteriormente que picar la superficie tratada y su reposición total, con el consiguiente aumento en los costes tanto por la pérdida de tiempo, como de mano de obra y de materiales.

Nota

Para el aumento de la adherencia en paramentos en los que esta es insuficiente pueden realizarse diversas técnicas a ejecutar fundamentalmente en la estructura de apoyo del revestimiento que se haya proyectado y de manera previa a la realización del mismo.

El presente apartado de este capítulo se centrará en tres técnicas muy empleadas en los trabajos de preparación de soportes para la recepción de acabados de finalización: el picado previo de las superficies de apoyo, el empleo de mallas metálicas o de plástico bien ancladas al soporte, o el salpicado mediante lechada de mortero de cemento de la superficie sobre la que se pretende trabajar.

7.1. Picado

Las fábricas de ladrillo cerámico que hayan de llevar un revestimiento posterior deben realizarse sin ninguna junta alisada, es decir, con la superficie exterior del mortero remetida o saliente de la superficie del paramento, porque con ello se favorece la adherencia del revestimiento.

Un caso particular será el revestimiento a ejecutar sobre superficies de hormigón, su superficie es muy lisa y no se adhiere bien el material, con lo que hay que picar su superficie para hacerlo más rugoso. Se puede utilizar para este proceso medios manuales como martillina de cantero o martillo y puntero. Si la superficie a tratar es de mayor dimensión se pueden utilizar otro tipo de medios mecánicos para descascarillar la superficie por medio de un chorro de arena a presión, siempre controlando la presión del aire comprimido, que deberá encontrarse entre 6 y 7 atmósferas.

Definiciones

Martillina de cantero
Martillo especial de cantero con el que se pican las piedras para labrarlas.

Puntero
Cincel de boca terminada en punta y cabeza plana usado por los picapedreros para labrar rústicamente piedras muy duras.

Las superficies lisas de hormigón tienen además el inconveniente de que poseen muy poca capacidad de absorción del agua de revestimiento, siendo esta consecuencia otra de las causas por las que se produce su desprendimiento en fresco.

El picado también puede sustituirse por un estriado de entre 3 y 5 mm de profundidad y una separación entre estrías de unos 5 a 7 cm, grabándose las estrías con el puntero en dos series paralelas que además deben cruzarse entre sí.

Otro procedimiento que se realiza para favorecer el agarre del mortero a las superficies a revestir de hormigón es el de realizar el revestimiento sobre la superficie del hormigón fresco, siendo esta metodología la más eficaz de las especificadas.

Para mejorar la adherencia en revestimientos realizados sobre superficies de hormigón se han ensayado también otros procedimientos, como recurrir a unos accesorios de caucho conocidos con el nombre de *kifs* y que consisten en unas pequeñas rosetas troncocónicas.

El modo de ejecución de la tecnología mediante *kifs* es muy sencillo. Se comienza clavando sobre el encofrado las rosetas troncocónicas por la cara interior del mismo, de tal forma que al hormigonar queden introducidas en la masa de hormigón. Al retirar los encofrados, dichas rosetas se desprenderán fácilmente del hormigón debido a su elasticidad, dejando unas pequeñas cavidades de 1 cm de profundidad aproximadamente, con una forma troncocónica (con la base menor en la superficie exterior) que ofrecerán un anclaje muy sólido para el revestimiento.

Aplicación práctica

En una obra en la que trabaja como oficial de primera se acomete el alicatado con piezas cerámicas de una dependencia que se encontraba anteriormente enfoscada y enlucida con mortero de cemento y pintada con pintura plástica lisa blanca.

Indique la forma de actuar para realizar un correcto alicatado de los paramentos de esta estancia.

SOLUCIÓN

Como el revestimiento existente en los paramentos es de acabado, las características de planeidad, regularidad y continuidad ya se cumplen, aunque se debe realizar un análisis previo de la superficie a tratar con la finalidad de poder descartar procedimientos de regularización.

El problema existente para el nuevo revestimiento que se pretende aplicar será el de la adherencia entre el nuevo material proyectado y la superficie existente, para lo que será necesario tratarla e intentar mejorarla.

La capa de acabado que existe es de pintura, si el acabado posterior fuese pintura bastaría con su raspado o lijado pero al tratarse de un alicatado la superficie lisa del paramento no es la adecuada para la colocación de las piezas cerámicas por lo que se tendrá que mejorar su rugosidad.

La rugosidad del paramento se conseguirá mediante el picado por medio de martillina de cantero, martillo y puntero de toda la superficie, eliminando con esta operación tanto la capa de pintura plástica aplicada como la capa de enlucido final del soporte. La densidad del soporte ha de ser suficiente de forma que quede una superficie rugosa, pero debe realizarse superficial sin llegar a la capa de enfoscado previo ni mucho menos al soporte de ladrillo.

Actividades

18. Indicar los pasos para realizar un picado.

7.2. Mallas

En general puede indicarse que las mallas (tanto metálicas como de plástico) que se utilizan en revestimientos conglomerados continuos sobre superficies de diversa naturaleza para la mejora de la adherencia entre el soporte base y el revestimiento de acabado que se ejecute no tienen ninguna función protectora del soporte o de aumento de la resistencia estructural del mismo.

Malla de plástico

Es importante tener en cuenta que la semejanza de las mallas metálicas para el aumento de la adherencia en revestimientos con el mallazo de acero electrosoldado estructural en material (acero) y disposición (estableciendo cuadrículas), no debe confundir las funciones de ambos.

La malla metálica, aun siendo muy empleada en los trabajos de revestimiento, es sin embargo menos eficaz que la "chapa desplegada" puesto que esta favorece con mayor éxito el agarre del mortero y su rigidez.

Importante

Las mallas que se utilicen cuando el revestimiento se confeccione con pastas de yeso deberán estar galvanizadas o, en su defecto, se las someterá a una capa de pintura antioxidante para evitar la oxidación que esta pasta produce.

En general puede admitirse que las mallas metálicas se emplean en revestimientos para confeccionar sobre ellos las capas de mortero o pasta con el fin de mejorar la adherencia de este con el soporte y ayudar a disminuir los efectos de la retracción.

Es muy corriente emplearlos en falsos techos rasos continuos, tabiques, elementos de estructuras metálicas, juntas entre distintos materiales, y elementos decorativos, siempre que el espesor del mortero sea superior a 3 o 4 cm, así como también en revestimientos, en los que debido a una mala ejecución del soporte se precise un grueso considerable de la capa de mortero.

Actividades

19. Señalar ejemplos de utilización de mallas para mejorar la adherencia de un paramento a revestir.

7.3. Salpicados de lechada de cemento

El último de los tratamientos para la mejora de la adherencia del soporte de un revestimiento de acabado será el salpicado de lechada de cemento.

Las lechadas son un tipo de pasta que se componen de un solo conglomerante que es mezclado con agua. La característica que las diferencia de los restantes tipos de pastas es la proporción entre agua y conglomerante. En este caso el cociente entre la cantidad de agua y la cantidad de conglomerante debe ser mayor a uno, es decir, debe tener una cantidad de agua sensiblemente superior que la que contenga de conglomerante.

El conglomerante que se empleará para estas lechadas es el cemento.

El cemento se emplea por varias razones: su rápido endurecimiento, su alta resistencia, su compatibilidad con la gran mayoría de revestimientos que se utilizan actualmente en construcción o su resistencia a las inclemencias meteorológicas extremas.

La ejecución de esta técnica, tras la preparación de la lechada, es muy sencilla y consistirá en introducir una brocha en un recipiente en el que se encuentre la lechada hasta que esta quede suficientemente impregnada de pasta y, llegado este momento, sacudir la misma sobre la superficie que se esté tratando de una forma homogénea y continua de manera que toda la superficie a revestir quede bañada en la lechada de la misma manera.

Importante

No es necesario el completo tapado de la superficie aunque cuanto más densas sean las salpicaduras que se apliquen mayor será la mejora de la adherencia del soporte.

El tapado por completo de la superficie con la lechada de cemento es también contraproducente porque las rugosidades que se crean con los salpicados desaparecerían quedando una superficie únicamente revestida de lechada, por lo que una correcta ejecución debe permitir ver el soporte base sobre el que se trabaje.

Uno de los empleos más habituales de esta metodología se realiza para crear una superficie rugosa en el trasdós de las fábricas de ladrillo a cara vista que sean lisas e hidrofugadas (existiendo incluso modelos de ladrillo vitrificados en ambas caras) que vayan a ser revestidas, enfoscadas o embarradas para la formación de la cámara de aire que compone un cerramiento tradicional. En estos casos el salpicado de gotas de lechada de cemento mejora considerablemente la adherencia entre las piezas cerámicas de ladrillo y el nuevo revestimiento que se vaya aplicar. La impregnación de este salpicado deberá realizarse con al menos un día o más de antelación a la ejecución del revestimiento.

Esta técnica sirve para una aplicación casi directa del revestimiento sobre el soporte que se esté preparando, por lo que el espesor de este será el propio del revestimiento no necesitándose un grosor superior para la ocultación de los elementos de agarre como ocurre con las mallas de plástico o metálicas.

Al igual que en las dos técnicas anteriores, la aplicación de esta metodología de mejora de la adherencia del soporte no implica el obviado de las tareas previas comunes a cualquier método de perfeccionamiento de la rugosidad (como la eliminación de manchas previas de aceite, salitre o verdina, el picado de las zonas que se encuentren mal adheridas o abombadas, la limpieza del polvo existente en la capa superficial del soporte sobre el que se trabaje, etc.).

Brochas para salpicado

Actividades

20. Explicar brevemente cómo se realiza la operación de salpicado de lechada de cemento.

Aplicación práctica

Se inicia la preparación de un paramento de hormigón. Para su ejecución se desarrollan las tareas que se enumeran a continuación. Detecte los errores en el planteamiento desarrollado:

1. **Implantación del tajo de trabajo en la obra disponiendo los medios auxiliares que se necesiten.**
2. **Preparación de los materiales que componen la lechada.**
3. **Realización de la mezcla en la proporción adecuada, es decir, un poco más de la mitad de cemento que de agua.**
4. **Salpicado de la misma sobre el paramento mediante brocha de una manera homogénea.**
5. **Lijado de la superficie eliminando restos.**

SOLUCIÓN

La proporción de la mezcla está mal planteada, ya que para la ejecución de una lechada de cemento la proporción es justo la contraria, mayor cantidad de agua que de cemento. Además la última tarea tampoco es necesaria, ya que lo que se pretende con esta actuación es mejorar la rugosidad de la superficie y si se produjese un lijado se perdería el propósito inicial.

---

8. Relaciones de regularización y adherencia de soportes con otros elementos y tajos de obra

La realización de cualquier tipo de obra implica un proceso en el que se superpone la ejecución de una gran cantidad de recursos tanto materiales como humanos.

Antes del inicio de cualquier ejecución se debe hacer toda una serie de estudios, planificaciones, mediciones, diseños y cálculos por los profesionales técnicos a los que les haya sido encargada la construcción de la edificación. Todo ello se recoge en lo que se conoce como proyecto de obras o de ejecución. Este documento es necesario para solicitar y, si el contenido es correcto, conseguir la correspondiente licencia municipal de obras, requisito imprescindible para poder comenzar la ejecución de cualquier construcción.

Nota

El estudio o estudio básico de seguridad y salud es un documento incluido dentro del proyecto de ejecución que también debe ser planificado y coordinado en la combinación de las distintas tareas que se desarrollen.

En obras de pequeño alcance como las reformas de baños, aseos, interiores, cocinas o rehabilitación de fachadas de una cierta envergadura (normalmente es el presupuesto de ejecución el que marca esta línea) no será necesaria la realización del proyecto de ejecución, aunque, no obstante, el requisito indispensable de la consecución de la licencia de obras correspondiente, en este caso de obra menor, no deja de ser obligatorio para el inicio de los trabajos.

Cuando se adopta la decisión de comenzar una obra se realizará la implantación del tajo de obra preparando la zona de ejecución, la zona donde se acopiarán los materiales, y se señalizarán las zonas de circulación tanto de los operarios encargados de ejecutarla como de vehículos y personas que puedan afectar al desarrollo de la obra.

Definición

Tajo

Punto donde desarrolla el trabajo una cuadrilla de operarios. Parte de una obra.

Una edificación comenzará por la cimentación sobre la que se sustentará el resto de la estructura de apoyo en la que descansarán a su vez los cerramientos y cubiertas que aislarán el espacio interior de la construcción del exterior y las particiones que determinarán las distintas dependencias que se hubiesen proyectado.

A continuación de estas fases, y también en muchas ocasiones de una manera simultánea a los trabajos ya referidos, se ejecutarán los acabados interiores y exteriores de la edificación tanto en horizontal como en vertical, y a su vez, se estará trabajando en las instalaciones de fontanería, saneamiento, electricidad, calefacción, aire acondicionado, domótica, ventilación, etc.

Con esta escueta pero detallada descripción se da una idea clara de la complejidad que conlleva la totalidad del proceso constructivo en el que se engloban los trabajos de regularización y adherencia de soportes para su posterior revestimiento.

En todo el proceso se desarrollan muchas actividades que han de coordinarse de una manera correcta interviniendo personal técnico, operadores de máquinas, gruístas, encofradores, ferrallistas, impermeabilizadores, albañiles, fontaneros, electricistas, soladores, pintores, calefactores, alicatadores, etc.

Actividades

21. Indicar de forma muy escueta las tareas que se desarrollan en cada uno de los capítulos que componen una construcción.

Los revestimientos se realizan siempre casi al final de la ejecución. Los soportes sobre los que se aplicarán los acabados finales deberán encontrarse preparados y suficientemente secos para poder recibir el último material sin que este se desprenda del soporte sobre el que se apoya. Es por ello que los operarios que realizan estas tareas, comienzan en la obra cuando los trabajos de movimientos de tierras, cimentaciones, estructuras, cubiertas y albañilería se encuentren prácticamente terminados.

En ocasiones, los trabajos de revestimiento final se ejecutan de forma simultánea con otros oficios aunque se debe tener muy en cuenta que estos no deben afectar a las superficies que se encuentren ya terminadas en espera de su recepción. De esta manera, todos los trabajos de repaso que no son fáciles de realizar se evitarán en su totalidad reduciendo los costes que ello conlleva.

Sabía que...

Una mala planificación de los trabajos a desarrollar puede producir problemas de estrés, fatiga, insatisfacción, apatía, irritabilidad, ansiedad, absentismo, siniestrabilidad, conflictividad, disminución de la productividad, etc.

En los trabajos de revestimiento, al igual que en el resto de oficios de la construcción, existirán una serie de categorías. Estas engloban ayudante, oficial de segunda, oficial de primera, y encargado de obra, que estará a las órdenes directas del jefe de obra. Se debe considerar que el operario que desarrolle su labor en la preparación de soportes para su posterior revestimiento deberá poseer una serie de conocimientos que le permitan ejercer con soltura su trabajo, además de con suficiente autonomía. Estos conocimientos irán en aumento conforme el operario vaya subiendo en la escala de puestos antes enumerados.

No obstante, todos los trabajadores deberán saber interpretar las órdenes de los superiores en la escala, organizar el trabajo, hacer cálculos sencillos, interpretar planos, así como saber coordinar sus labores con las tareas de los operarios que existan en el tajo de obra sin estorbarse ni poner en peligro a los demás trabajadores.

Actividades

22. Indicar los oficios con mayor probabilidad de simultaneidad con la ejecución de las tareas de regularización y mejora de la adherencia de los soportes en su preparación para un posterior revestido del paramento.

9. Procesos y condiciones de manipulación y tratamiento de residuos. Defectos de ejecución habituales: causas y efectos

Se desarrollarán en el presente apartado los procesos y condiciones de manipulación y tratamiento de residuos en las diferentes operaciones para el tratamiento de regularización y adherencia de soportes que serán posteriormente revestidos, a su vez, se incidirá en los defectos de ejecución cuya aparición es más habitual en los mencionados trabajos, analizando la causa que los origina además de los efectos producidos por los mismos.

9.1. Procesos y condiciones de manipulación y tratamiento de residuos

Los procesos de manipulación y tratamiento de residuos, así como las condiciones que se deberán cumplir, dependerán en gran medida del método de tratamiento de la superficie que se deba emplear.

En los tratamientos de regularización de superficies las técnicas de raspado y lijado deben centrarse en la eliminación de los restos generados con las tareas realizadas, debiendo acotarlos en una zona del tajo de obra y posteriormente transportarlos con los medios auxiliares adecuados hasta las cubas de vertido correctamente dispuestas. Por el contrario, en las tareas de plastecido, vendado y nivelación de suelos los tratamientos que se deben realizar para la manipulación de los residuos generados se centrarán en los envases de los materiales con los que se realizarán estos trabajos, teniendo en este caso un impacto menor en el ambiente que rodea a la obra.

En el caso de los tratamientos para la mejora de la adherencia de los paramentos ocurre lo mismo, los procesos de manipulación y tratamiento de residuos que se desarrollen dependerán de la metodología empleada, no siendo los mismos, por ejemplo, los necesarios para las operaciones de picado de paramentos revestidos que los que se precisan para los trabajos de refuerzo de superficies con mallas de plástico o metálicas, o de salpicados mediante lechada de cemento.

El tratamiento de los residuos generados en las tareas de picado se asemejará al necesario para las tareas de raspado y lijado en regularización de superficies, esto es, se deberá ir almacenando los materiales de desecho que se vayan generando en la actividad en una zona del tajo para posteriormente de forma periódica irlos trasladando hasta las cubas de vertido.

Una condición que se deberá cumplir en el picado, al igual que en las tareas de raspado y lijado de superficies a revestir, será la de evitar la generación de polvo en la medida de lo posible para lo que se emplearán conductos de vertido, redes de protección, etc. Además, una buena práctica de ejecución en estas operaciones es la del regado de las superficies de desecho previo a su transporte, y posteriormente en su acopio en la cuba de desescombro.

En las demás tareas de mejora de la adherencia de los paramentos los tratamientos a realizar se centrarán en la correcta eliminación de los envases de los materiales empleados. Al igual que en las tareas de regularización deberán acopiarse en una zona del tajo de obra para su posterior traslado al vertedero, realizando una correcta separación de los mismos en función del material que se haya empleado para su ejecución: plásticos, cartones, sacos, etc.

En caso de utilizarse alguna sustancia peligrosa, como puede darse en algunos tratamientos de adherencia mediante la aplicación de productos químicos, se observarán todas las indicaciones que sean planteadas por el fabricante en cuanto a la retirada de los envases y de los desechos.

Nota

De forma general, la normativa de ámbito nacional que regula las exigencias en cuanto a la producción y gestión de las actividades productoras de residuos será:

- Ley 7/2022, de 8 de abril, de residuos y suelos contaminados para una economía circular.
- Real Decreto 180/2015, de 13 de marzo, por el que se regula el traslado de residuos en el interior del territorio del Estado.

Actividades

23. Indicar las actuaciones para la retirada de los desechos producidos en las tareas de picado de superficies en su preparación para el posterior revestimiento.

9.2. Defectos de ejecución habituales: causas y efectos

Los defectos de ejecución más habituales que suelen darse en los trabajos de preparación de soportes para su posterior revestimiento serán diferentes según estos trabajos sean de regularización de superficies o de mejora de la adherencia de los paramentos.

Lo defectos de ejecución en la regularización de superficies más comunes son los fallos en la continuidad de los revestimientos y desprendimiento de estos. Mientras que en los trabajos de mejora de la adherencia de los paramentos los defectos más comunes son el abombamiento de la superficie y las erosiones en zonas determinadas.

Nota

Es importante distinguir si los fallos son producidos en los procesos de regularización de las superficies o en los trabajos de mejora de la adherencia de los soportes, ya que los efectos en el paramento son distintos, produciéndose fallos de continuidad y desprendimientos, o abombamientos y erosiones de la superficie.

La regularización de superficies es una tarea que proporciona al soporte que sirve de base una homogeneidad sobre la que se aplicará el revestimiento final. Una mala ejecución de esta tarea, empleando distinto espesor de la capa de regularización, falta de planeidad u horizontalidad, un deficiente plastecido, etc., se revelará en el revestimiento final produciendo fisuraciones por falta de espesor, desprendimientos por falta de planeidad, superficies muy discontinuas que resultan antiestéticas, marcado de rayaduras, o agujeros deficientemente plastecidos.

La aparición de estos efectos puede producirse de modo instantáneo en el momento de la colocación del revestimiento, o manifestarse cuando las circunstancias del paramento cambian, por ejemplo, la falta de planeidad en muchos techos no resulta apreciable hasta la modificación de la iluminación de una estancia pasando de incidir directamente a indirectamente sobre el techo.

Ejemplo

Un ejemplo de manifestación tardía de los efectos producidos en una mala ejecución de un tratamiento de regularización se da en la nivelación de suelos previa a su ejecución. Cuando esta tarea se realiza de manera defectuosa, el material de solado apoya de forma deficiente y tras el continuado uso las piezas comienzan a romperse por las zonas donde hayan quedado más débiles.

En cuanto a los defectos de ejecución de los tratamientos de mejora de la adherencia del soporte destacarán los abombamientos en las superficies por deficiente adherencia entre soporte base y revestimiento.

La causa que produce los efectos de una incorrecta ejecución de los tratamientos de adherencia es bien clara: no se consigue hacer solidario el soporte base sobre el que se aplica el acabado y el material de revestimiento final. Esta deficiente unión puede deberse a una mala ejecución de la operación en sus inicios, evitando el limpiado previo y la eliminación del polvo superficial que permita la correcta unión planteada, o por incompatibilidad entre los materiales empleados para la mejora de la adherencia del paramento, los existentes en el soporte base sobre el que se trabaje, y los utilizados en el acabado final de los paramentos.

Cuando el abombamiento se produce en zonas puntuales de un paramento y no en la totalidad de la superficie pueden haberse sumado a los condicionantes comentados otros como la existencia de un alto grado de humedad o presencia de agua.

Abombamiento y desprendimiento

Actividades

24. Buscar ejemplos de defectos de ejecución de revestimientos en el entorno cercano.

Aplicación práctica

Se acaba de incorporar como encargado de obras a una empresa promotora en el departamento de postventa reparando las últimas promociones de viviendas realizadas por esta empresa tras su entrega a los propietarios.

Un paramento revestido por la contrata que realizó la ejecución de la promoción presenta a lo largo de la superficie que fue tratada zonas con abombamientos, e incluso en algunos puntos, el revestimiento se encuentra totalmente desprendido. En toda la superficie no puede apreciarse agua y las zonas con desperfectos son puntuales, no se extienden en todo el revestimiento.

Debe asistir a una reunión en la que transmitirá al encargado de esta contrata el defecto que ha sido detectado y denunciado por los propietarios, la posible causa de su creación, y la forma en la que se ha de reparar.

Continúa en página siguiente >>

<< Viene de página anterior

SOLUCIÓN

En primer lugar se delimitará la zona con abombamientos realizando una inspección visual del paramento y efectuando golpeos para comprobar el sonido. En las zonas donde este sea hueco se actuará.

Una vez se ha determinado y delimitado la zona de actuación se realizará una pequeña cata (si los desprendimientos existentes no facilitasen su apreciación), para poder determinar su posible causa.

Debe desestimarse la existencia de agua o un alto grado de humedad que pueda sumarse a los efectos producidos por una incorrecta adherencia entre el soporte base y el revestimiento final. Esta circunstancia no será difícil de comprobar.

Comprobada la inexistencia de agua y delimitada la zona defectuosa se determina el origen del defecto detectado: una incorrecta preparación del soporte de forma puntual.

Al tratarse de una zona específica, la aparición de los abombamientos por defectos de adherencia entre soporte y revestimiento se deberá a una mala ejecución de la zona afectada por un incorrecto limpiado previo o indeficiente eliminación de la capa de polvo superficial que debilita la adherencia entre soporte y revestimiento.

Se deberá actuar marcando la zona en mal estado, procediendo a su picado y ejecutándose de nuevo hasta su correcta finalización.

---

10. Materiales, técnicas y equipos innovadores de reciente implantación en regularización y adherencia de soportes

Como materiales innovadores de reciente implantación en el sector de la construcción en las operaciones tanto de regularización como de adherencia de soportes destacan pegamentos y adhesivos formados por compuestos químicos.

Actualmente la construcción de viviendas de nueva implantación u obra nueva ha caído en una profunda crisis con muy poca actividad, lo que sumado a otros factores como la falta de financiación bancaria para grandes operaciones, ha potenciado la rehabilitación de las viviendas existentes.

La renovación del parque inmobiliario nacional se ha centrado en las reformas de las viviendas existentes cuyo importe es inferior al de una obra nueva.

Además, buscando el mayor abaratamiento de la actuación que se plantee e intentando evitar el recurso financiero externo que se pudiese conseguir a un muy alto precio de una entidad bancaria, aparecen una serie de productos que consiguen una buena apariencia externa o una correcta unión entre materiales basándose en composiciones mediante productos adhesivos.

Nota

Cabe destacar en este punto como material innovador de regularización de superficies los productos adhesivos en base de yeso y escayola que lo que persiguen es conseguir una superficie plana y lisa final sobre la que aplicar la pintura de acabado.

En las promociones inmobiliarias nacionales de las décadas 70, 80 y 90 la utilización de la técnica del gotelé en los trabajos de pintado de superficies fue muy desarrollada debido al elevado rendimiento conseguido en su aplicación con el consiguiente ahorro económico (otro motivo también era el carácter encubridor de imperfecciones que tenía). Los productos en base de yeso y escayola encuadrados en este entorno de aumento de las reformas interiores de pisos ofrecen un interesante campo de aplicación y los hacen muy atractivos para su empleo por los profesionales de este ámbito.

Definición

Gotelé

Es una técnica de pintado de paredes muy utilizada desde hace años que consiste en el esparcimiento de la pintura de una forma mucho más espesa de lo empleado habitualmente, de tal manera que durante la aplicación de la misma aparezcan gotas o grumos de material que producen una superficie final de acabado grumoso. Esta técnica se emplea por la capacidad que tiene para hacer disimular las imperfecciones de los paramentos.

En este entorno actual en el que se están intentando abaratar todos los costes de las actuaciones que se plantean se puede incluir también la utilización de adhesivos con compuestos químicos en su composición, empleados en el nuevo revestimiento de muchos paramentos. Con estos materiales lo que se pretende es la reducción de la variable de mano de obra en las actuaciones ya que, al fin y al cabo, es la de mayor importancia en estos trabajos.

Los adhesivos con compuestos químicos que se emplean actualmente se aplican, previa limpieza del paramento, sobre el revestimiento existente, ya sea este enfoscado de mortero de cemento o yeso, ya sea alicatado con piezas cerámicas. Sobre esta superficie tratada se procede a la finalización del nuevo revestimiento. Con esta forma de actuación se eliminan costes de mano de obra en demolición y en preparación de soportes para su posterior revestimiento, aunque deben tenerse en cuenta ciertos condicionantes como el espesor de las carpinterías existentes o el grosor final de los tabiques que será mayor.

Paramento con gotelé

Sabía que...

El porcentaje del coste de la mano de obra en el total de una edificación supone aproximadamente el 40 % del total. Este porcentaje varía en función de la edificación que se desarrolle siendo superior en las obras de reforma que en las de obra nueva.

En estos trabajos comentados, las herramientas utilizadas son herramientas manuales convencionales (planas, cepillos, brochas, espátulas, rascadores, palaustres, rayadores, etc.), por lo que no cabe destacar el empleo de ningún equipo innovador de reciente implantación en el sector de la construcción.

Actividades

25. Investigar sobre productos adhesivos de paramentos que puedan ser empleados en la regularización de superficies que hayan sido pintadas mediante la técnica del gotelé incidiendo en sus características técnicas y de uso.
26. Buscar ejemplos en el entorno cercano de paramentos revestidos mediante gotelé.

11. Procesos y condiciones de seguridad que deben cumplirse en las operaciones de tratamientos de regularización y adherencia de soportes para revestimiento

La prevención de los posibles riesgos laborales que se puedan presentar durante la ejecución de una obra deberá ser planificada desde el comienzo del proceso constructivo que vaya a desarrollarse en la obra en cuestión.

Debido a este hecho se redactará el proyecto de ejecución en el que deberá venir incluido necesariamente el estudio de seguridad y salud o estudio básico de seguridad y salud en el que se señalarán los posibles riesgos laborales, incidiendo en la posibilidad de evitarlos o no, y las medidas preventivas que se desarrollarán para eliminar el riesgo completamente, reducir sus consecuencias y probabilidad de ocurrencia o, por el contrario, controlar los riesgos existentes.

Es importante comentar que para diferenciar entre la realización de un estudio de seguridad y salud y un estudio básico de seguridad y salud deberá tenerse en especial consideración lo establecido en el artículo número 4 "Obligatoriedad del estudio de seguridad y salud o del estudio básico de seguridad y salud en las obras" del Real Decreto 1627/1997, de 24 de octubre, por el que se establecen disposiciones mínimas de seguridad y salud en las obras de construcción. Este artículo dice:

1. El promotor estará obligado a que en la fase de redacción del proyecto se elabore un estudio de seguridad y salud en los proyectos de obras en que se den alguno de los supuestos siguientes:

    - Que el presupuesto de ejecución por contrata incluido en el proyecto sea igual o superior a 75 millones de pesetas (450.759,08 €).
    - Que la duración estimada sea superior a 30 días laborables, empleándose en algún momento a más de 20 trabajadores simultáneamente.
    - Que el volumen de mano de obra estimada, entendiendo por tal la suma de los días de trabajo del total de los trabajadores en la obra, sea superior a 500.
    - Las obras de túneles, galerías, conducciones subterráneas y presas.

2. En los proyectos de obras no incluidos en ninguno de los supuestos previstos en el apartado anterior, el promotor estará obligado a que en la fase de redacción del proyecto se elabore un estudio básico de seguridad y salud.

Una vez se ha realizado en fase de estudio tanto el proyecto de ejecución como el estudio o estudio básico de seguridad y salud y se han obtenido los pertinentes permisos reglamentarios, los contratistas que hayan sido seleccionados y contratados deberán adaptar los contenidos del mencionado estudio o estudio básico de seguridad y salud en función de los propios sistemas de ejecución de la obra que pretenda llevar a cabo el contratista y de los propios medios de que disponga (propios, alquilados o subcontratados) ya que el técnico redactor del estudio o estudio básico desconoce en el momento de su elaboración, por desarrollarse de forma previa, estas circunstancias.

Esta adaptación del estudio o estudio básico de seguridad y salud a los medios propios de cada contratista recibe el nombre de plan de seguridad y salud en el trabajo.

Las obras no podrán dar comienzo hasta que el mencionado plan de seguridad y salud haya obtenido el visto bueno de los técnicos competentes que hayan sido designados por el promotor de las obras. Estos técnicos competentes serán los coordinadores de seguridad y salud, en caso de que su nombramiento no sea obligatorio, dichas atribuciones las desarrollará la dirección facultativa de las obras.

También cada contratista deberá asegurarse de que todos los trabajadores que trabajen para él, bien de forma directa, asalariados, o bien de manera indirecta, autónomos, estén perfectamente informados en cada momento en función del oficio de cada uno de la parte del plan de seguridad y salud que les afecte al desarrollo de sus trabajos.

Definidas las condiciones previas de seguridad, que de modo general se deben dar en cuanto a documentación previa de obra, se tendrán en consideración las condiciones específicas a desarrollar en las operaciones de regularización y adherencia de superficies para su posterior revestimiento.

La implantación correcta del tajo de trabajo donde se ejecutarán las tareas ha de ser la operación desde la que se debe partir. Para ello se tendrá en cuenta lo indicado en el plan de seguridad y salud, debiendo prestar especial atención a acotaciones de zonas, limitación de zonas de trabajo, itinerarios de operarios, itinerarios de vehículos y transeúntes, etc.

Recuerde

Cada contratista deberá asegurarse de que todos los trabajadores que trabajen para él, bien de forma directa, asalariados, o bien de manera indirecta, autónomos, estén perfectamente informados en cada momento, en función del oficio de cada uno, de la parte del plan de seguridad y salud que les sea de aplicación al desarrollo de sus trabajos.

Por otra parte, en cada centro de trabajo será necesaria la existencia de un libro de incidencias, más concretamente el Art. 13 del R. D. 1627/1997 establece que dicho libro será facilitado por el Colegio Profesional al que pertenezca el técnico que haya aprobado el plan de seguridad o por la oficina de supervisión de proyectos u órgano equivalente cuando se trate de obras de las administraciones públicas.

El libro de incidencias se mantendrá siempre en la obra en poder del coordinador de seguridad y salud debiendo tener acceso al mismo todos los intervinientes en el proceso constructivo, pudiendo hacer anotaciones en el mismo relacionadas con los fines para los que dicho documento ha sido concebido. Este libro constará de hojas por duplicado.

Plan de seguridad y salud y libro de incidencias

Definidas las pautas generales de implantación documental de las medidas preventivas para la ejecución de los trabajos de preparación de soportes para su revestimiento en unas correctas condiciones de seguridad y salud, según lo establecido en la normativa nacional vigente de seguridad y salud, se destacan a continuación los riesgos más frecuentes que se dan en la realización de dichas tareas.

Los riesgos derivados del trabajo se pueden clasificar según sean riesgos materiales, riesgos higiénicos y riesgos ergonómicos cada uno con sus peculiaridades.

Los **riesgos materiales** que se pueden dar en el desarrollo del trabajo son de varios tipos:

- **Riesgos en el lugar y la superficie del trabajo.** En estos tipos de riesgos, los más peligrosos son las caídas al mismo o distinto nivel y los choques contra objetos que pueden haber en el lugar de trabajo. Para minimizar este tipo de riesgos, el espacio en el que se trabaje tiene que estar limpio y ordenado, con todos los materiales y herramientas que se utilicen bien colocados y evitar suelos resbaladizos por culpa de aceites o grasas. Si hay un cambio de nivel en el suelo debe estar señalado.
- **Riesgos de almacenamiento, manipulación y transporte.** Los materiales necesarios para la realización del trabajo a veces pueden ser pesados y, si se tienen que transportar de un sitio a otro, hay que tener en cuenta el peso del material que se va a transportar, para usar los medios necesarios y evitar lesiones musculares.
- **Riesgos por contactos eléctricos.** Para la realización de los trabajos se suelen usar máquinas que están conectadas a la corriente eléctrica; hay que tener en cuenta que pueden existir contactos eléctricos directos o indirectos.

Otro tipo de riesgo que existe cuando se realizan trabajos de preparación de los soportes, son los **riesgos higiénicos.** Dentro de este tipo de riesgos se encuentran:

- **Contaminantes físicos.** Existen varios contaminantes físicos que hay dentro de las zonas de trabajo, como pueden ser el ruido, las vibraciones, las radiaciones, las condiciones termohigrométricas o la iluminación.
- **Contaminantes químicos.** Son sustancias formadas por materia inerte, en forma sólida, forma líquida o gaseosa. Las sustancias que se manejan para la reparación de los soportes pueden ser irritables o corrosivas o desprender gases que afecten directamente. Hay que usar las medidas de protección que indique el fabricante de los productos.
- **Contaminantes biológicos.** Tal y como se ha visto, en las zonas de trabajo hay organismos vivos, como hongos y mohos, o derivados de seres vivos, como pelos o excrementos de animales, o polen y esporas de vegetales, que pueden provocar enfermedades o alergias en el trabajador.

Por último, no se pueden olvidar los **riesgos ergonómicos y organizativos.** Este tipo de riesgos no se tienen muy en cuenta y pasan desapercibidos, ya que son asumidos por los trabajadores sin prestar atención a las consecuencias que ocasionan en la salud del trabajador.

La ergonomía es la encargada del estudio para que las máquinas y las herramientas que se utilizan se adecuen mejor al cuerpo y fisonomía, adaptando, por ejemplo, empuñaduras de herramientas manuales, o la morfología de herramientas automáticas.

La organización del trabajo va a liberar de la carga física y la carga mental que se sufre en la realización de los trabajos, evitando por ejemplo la fatiga, el estrés o la insatisfacción de los trabajadores y otra serie de factores psicológicos que se pueden dar en los trabajadores como apatía, irritabilidad, ansiedad, depresión, etc. Una buena organización favorece que el trabajador esté más cómodo y sea más efectivo en el trabajo.

Actividades

27. Buscar el apartado b del artículo 11 del Real Decreto 1627/1997, de 24 de octubre, por el que se establecen las disposiciones mínimas de seguridad y salud en las obras de construcción. Reflexionar sobre lo indicado en el mismo.
28. Describir un plan de seguridad.

Aplicación práctica

Como dueño de una pequeña contrata comienza los trabajos de reforma de un local comercial de unos 100 m^2. El presupuesto que ha facilitado a la propiedad según las mediciones que a su vez le ha entregado el técnico redactor del proyecto de ejecución es de 31.527 € sin incluir el IVA.

A su vez el propietario le ha obligado a firmar un contrato en el que una de sus cláusulas fija un plazo de ejecución de un mes y medio desde el inicio de los trabajos. Usted estima que para realizar la obra deberá disponer de cuatro trabajadores de media durante el periodo de la ejecución.

Antes del inicio de los trabajos el técnico encargado de la obra le solicitará que le entregue el plan de seguridad y salud de la obra.

Indique qué documento le debe ser entregado a usted para la elaboración del plan de seguridad y salud y justifique su respuesta.

SOLUCIÓN

Para determinar qué documento debe ser entregado antes de la elaboración del plan de seguridad y salud se debe observar lo indicado en el Art. nº 4 "Obligatoriedad del estudio de seguridad y salud o del estudio básico de seguridad y salud en las obras" del R. D. 1627/1997, de 24 de octubre, por el que se establecen disposiciones mínimas de seguridad y salud en las obras de construcción.

Continúa en página siguiente >>

<< Viene de página anterior

Como se puede comprobar, este artículo define las diferencias entre los dos documentos que se pueden entregar para la elaboración del plan y los diferencia según el cumplimiento de una serie de condiciones.

La primera condición establecida indica la obligatoriedad del estudio de seguridad y salud para las obras cuyo presupuesto supere los 450.759,08 €, como en este caso el presupuesto es de 31.527 € no será obligatorio según este primer apartado.

La segunda condición establecida se refiere a la duración y simultaneidad de trabajadores dando una duración máxima de 30 días y una simultaneidad de 20 trabajadores para la elaboración del estudio básico. En este caso la duración se establece en un mes y medio que, aún deduciendo los días no laborables (se refiere a días de trabajo), queda por encima de este límite por lo que se necesitará estudio de seguridad y salud aún cuando la otra condición no se cumpla al tener menos de 20 trabajadores simultáneamente.

Otra condición que establece es que el volumen de mano de obra, entendiendo por esta la suma del total de días de trabajo del total de trabajadores, sea superior a 500. En nuestro caso será de 35 días por 4 trabajadores 140 unidades inferior al límite indicado.

La última de las condiciones establecida referida a las obras de túneles, galerías, conducciones subterráneas y presas no se cumple tampoco al tratarse de un acondicionamiento de un local comercial.

Pero al cumplirse una sola de las condiciones establecidas, el documento que se debe facilitar será el estudio de seguridad y salud del proyecto.

Aplicación práctica

Imagine que trabaja como albañil realizando tareas de oficial de primera como autónomo. Una sociedad contacta con usted para que realice unos trabajos en unos paramentos consistentes en el picado y su posterior revestimiento con enfoscado de mortero de cemento.

El acuerdo al que ha llegado con ellos es que le proporcionarán los equipos de protección individual que necesite para realizar las tareas.

Continúa en página siguiente >>

<< Viene de página anterior

Especifique los equipos de protección individual necesarios para la ejecución y justifique su empleo.

SOLUCIÓN

En primer lugar se necesitarán unos guantes, una mascarilla y unas gafas para la realización del picado de paramentos ya que esta operación se realiza con herramientas manuales, produce mucho polvo durante su realización, y se proyectan partículas durante su ejecución.

Además, los guantes también serán necesarios para la elaboración del mortero que servirá para el enfoscado final del paramento al elaborarse con cemento evitando con su empleo posibles dermatitis o irritaciones en la piel.

Por otro lado las gafas además de utilizarse en las operaciones de picado también se usarán para tratar con las arenas que se empleen en el enfoscado.

---

12. Puesta en práctica de las medidas preventivas planificadas para ejecutar los trabajos de tratamientos de regularización y adherencia de soportes para revestimiento en condiciones de seguridad

Para la puesta en práctica de las medidas preventivas que se hayan planificado en la ejecución de los trabajos de tratamientos de regularización y adherencia de soportes en unas correctas condiciones de seguridad debe observarse lo indicado al respecto en el plan de seguridad y salud.

El plan de seguridad y salud elaborado por el contratista de las obras deberá incluir todos los medios de protección que se hayan previsto en el proyecto, interponiendo siempre la protección colectiva de todos los operarios implicados a la protección individual, no obstante, en determinadas circunstancias, la elección de medios de protección individuales se hace imprescindible.

Importante

De no existir plan de seguridad y salud en la ejecución por razones de poca envergadura de la construcción u otras muy diversas, deberán preverse igualmente las medidas de protección que deben aplicarse en las tareas, incidiendo en las protecciones colectivas por delante de las individuales de la misma manera.

Comprobado lo indicado en el plan de seguridad y salud de la obra, o lo planificado en caso de ausencia de este, se procederá a su implantación en el tajo de obra.

En primer lugar deberá realizarse la implantación del tajo de obra. La ubicación del mismo estará impuesta por el paramento en el que se realizarán los trabajos de preparación de soportes para su posterior revestimiento. Se deberán señalizar los itinerarios de acceso de los operarios o de los transeúntes que se vean afectados por la ejecución o acotamiento de los espacios.

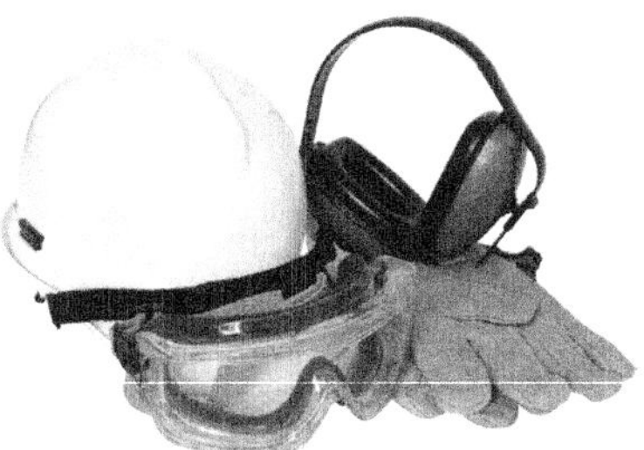

Equipos de protección individual

Posteriormente se procederá sobre los medios auxiliares que se empleen en la ejecución. En este tipo de tareas de tratamientos de regularización de soportes y mejora de su adherencia, los medios auxiliares de mayor empleo son los andamios y borriquetas para alcanzar las zonas elevadas de los paramentos.

El montaje de andamios y borriquetas se realizará por personal cualificado y deberá asegurarse su estabilidad en todo momento, debiendo anclarse los paramentos verticales y asegurar perfectamente sus apoyos, impidiendo cualquier tipo de movimiento que pueda comprometer la seguridad del operario que se encuentre encima de este.

Para la sustentación de estos medios auxiliares deberá evitarse siempre el empleo de elementos de cimentación que sean móviles o que puedan moverse con facilidad, además, la comprobación de la estabilidad de estos debe realizarse en cada jornada de trabajo y dentro de la misma en cada movimiento del medio auxiliar que se tenga que realizar durante la ejecución.

Los andamios y borriquetas que se empleen en los trabajos, sobre todo de picado de paramentos y salpicados con lechada de cemento, deberán protegerse mediante mallas de protección que impidan la caída de las posibles proyecciones de partículas al exterior del tajo de obra durante la ejecución de los trabajos.

Actividades

29. Buscar tipos de gafas y tipos de mascarillas existentes en el mercado que sirvan como equipos de protección individual.

Informados sobre los medios de protección previstos en el plan de seguridad y salud, e implantado el tajo de obra con las señalizaciones y acotaciones que sean necesarias y se hayan previsto, se incidirá en las tareas propias de tratamientos de regularización y mejora de la adherencia de los soportes.

Para la realización de estas tareas, e implantadas ya las medidas de protección colectiva, se deberá proteger al operario con los equipos de protección individual EPI que se consideren necesarios.

Definición

EPI (Equipo de Protección Individual)
Cualquier equipo destinado a ser llevado o sujetado por el trabajador para que le proteja de uno o varios riesgos que puedan amenazar su seguridad o su salud, así como cualquier complemento o accesorio destinado a tal fin.

A gafas, guantes y mascarillas deberán añadirse elementos como el casco, el mono de trabajo, o las botas de seguridad.

Se puede afirmar que siguiendo las medidas preventivas en cuanto a seguridad y salud indicadas, es decir, información, señalización, acotamientos, protecciones colectivas y protecciones individuales, los riesgos inherentes a una obra de construcción se reducirán en gran medida, aunque en ningún momento se podrá afirmar que estos riesgos se eliminarán de forma total o completa.

Recuerde

La comprobación de la estabilidad de los medios auxiliares empleados en las tareas de regularización y mejora de la adherencia de los soportes para su revestimiento, como andamios o borriquetas, debe realizarse en cada jornada de trabajo y, dentro de la misma, en cada movimiento del medio auxiliar que tenga que realizarse durante la ejecución de los trabajos.

Actividades

30. Investigar sobre riesgos existentes en las obras de construcción y que sean inevitables.

---

13. Resumen

Se han tratado en este capítulo los trabajos sobre soportes para su revestimiento centrándose en las operaciones de regularización de superficies y mejora de la adherencia.

En principio se han destacado una serie de condiciones previas generales que ha de cumplir el soporte base para una correcta realización de los trabajos de regularización y adherencia así como los materiales más empleados en su ejecución.

También se han mostrado los equipos que han de utilizarse en la realización de estas operaciones, resaltando las condiciones para su elección así como las comprobaciones que han de realizarse en su manejo.

Por otro lado, dentro de las operaciones para la mejora de la adherencia de superficies para su posterior acabado, se han destacado las operaciones de picado de paramentos, refuerzos con mallas metálicas o de plástico o los salpicados de lechada de cemento.

También se han especificado los procesos y condiciones que han de cumplir la manipulación y tratamiento de residuos generados en estos trabajos desde su formación hasta su transporte al vertedero, además, se han definido los principales defectos de ejecución que suelen darse en estas tareas analizando causas y efectos.

Otros asuntos mostrados han sido los materiales y técnicas innovadoras y de reciente implantación en construcción para las operaciones de regularización y adherencia de soportes.

Como finalización se relacionan los distintos procesos y condiciones de seguridad y salud que han de cumplirse en los trabajos de regularización y mejora de la adherencia incidiendo en la puesta en práctica de las medidas de prevención.

Ejercicios de repaso y autoevaluación

1. **En soportes enfoscados maestreados las reglas se situarán a una distancia no superior a...**

   a. ... 3 m.
   b. ... 2 m.
   c. ... 1 m.
   d. ... 4 m.

2. **De las siguientes frases, indique cuál es verdadera o falsa.**

   a. La desviación tanto en horizontalidad como en planeidad de soportes para su posterior revestimiento no deberá sobrepasar nunca los 8 mm.

      □ Verdadero
      □ Falso

   b. Se entiende por pasta la mezcla homogénea de un conglomerante, arena y agua.

      □ Verdadero
      □ Falso

3. **Complete la siguiente oración.**

   Las piezas cerámicas presentan sus caras estriadas con el objetivo de mejorar la ____________________ del paramento.

4. **Si un soporte sobre el que se vaya a actuar no tiene la suficiente porosidad se deberá...**

   a. ... actuar sobre la misma cambiando el material.
   b. ... habrá de ejecutarse un puente de adherencia.
   c. Las opciones a y b son correctas.
   d. Todas las opciones son incorrectas.

5. **Complete la siguiente oración.**

   El yeso es el conglomerante _____ más antiguo conocido por el hombre, es sulfato cálcico cristalizado con dos moléculas de agua. Se encuentra muy _____ en la naturaleza, habiéndose depositado por desecación de mares interiores y lagunas, en cuyas aguas se encontraba _____.

6. **Existen tres tipos de equipos para tratamientos de regularización y adherencia. Indique cuál de los reseñados a continuación pertenece a uno de estos tipos.**

   a. Elementos dedicados a trabajos preparatorios.
   b. Elementos destinados a la aplicación de los materiales de regularización y adherencia.
   c. Elementos complementarios o auxiliares, que no intervienen de manera directa en los trabajos regularización, pero que no obstante son necesarios y, en ciertas ocasiones, totalmente imprescindibles para poder llevar a cabo la misión impuesta.
   d. Todas las opciones son correctas.

7. **Las pastas para nivelación de suelos pueden solucionar defectos de desnivel de hasta...**

   a. ... 10 mm.
   b. ... 25 mm.
   c. ... 20 mm.
   d. ... 30 mm.

8. **Relacione los siguientes conceptos:**

   a. Picado.
   b. Salpicado de lechada de cemento.
   c. Guardavivos.

   __ Esquinas y ángulos.
   __ Brocha.
   __ Martillina.

9. Complete la siguiente oración.

Las fábricas de ________________ que hayan de llevar un revestimiento posterior deben realizarse sin ninguna junta alisada, es decir, con la superficie exterior del mortero ________________ de la superficie del paramento porque con ello se favorece notablemente la ________________ del revestimiento.

10. La lechada...

a. ... es un tipo de pasta.
b. ... se compone de un conglomerante y agua.
c. ... tiene una cantidad de agua sensiblemente superior a la de conglomerante.
d. Todas las opciones son correctas.

11. De las siguientes frases, indique cuál es verdadera o falsa.

a. El tiempo de autonivelación de las pastas de nivelación de suelos es de aproximadamente 15 min mientras que el tiempo de secado es de 2 a 4 h.

- ☐ Verdadero
- ☐ Falso

b. El polvo generado en las tareas tanto de lijado y raspado como de picado de paramentos quedará mitigado mediante el riego de los desechos producidos de forma previa al transporte de los mismos a la cuba de desescombro.

- ☐ Verdadero
- ☐ Falso

12. ¿Cuál es el porcentaje aproximado del coste de la mano de obra en el total de una edificación?

a. 40 %
b. 50 %
c. 45 %
d. 60 %

13. Indique cuál de las dos palabras incluidas entre los paréntesis es la correcta en la siguiente oración.

La adaptación del estudio o estudio (general/básico) de seguridad y salud a los medios propios de cada (contratista/empresario) recibe el nombre de (Estudio/Plan) de Seguridad y Salud en el (trabajo/las labores).

14. En la aplicación de un mortero autonivelante se deberá esperar antes de la aplicación del acabado...

a. ... 24 h.
b. ... 12 h.
c. ... 48 h.
d. ... 5 h.

15. Una las siguientes técnicas de preparación de soportes con tratamientos de adherencia o regularización según corresponda.

a. Picado de paramentos.
b. Plastecido.
c. Nivelación de suelos.
d. Colocación de mallas.
e. Raspado.
f. Salpicados de lechada de cemento.

__ Adherencia.
__ Regularización.

Bibliografía

Monografías

AZKÁRATE, I., BALLESTER, P. y COLL, R.: *Morteros de revestimiento.* Madrid: Asociación nacional de fabricantes de morteros, 2006.

BIELZA de Ory, J. M.: *Elementos de edificación. Revestimientos continuos.* Madrid: Fundación Escuela de la Edificación, 2004.

CERVERA Díaz, M. y MARTÍNEZ Cuevas, A.: *Manual práctico para la elaboración de estudios de seguridad y salud en obras de edificación.* Sevilla: Fundación Cultural del Colegio Oficial de Aparejadores y Arquitectos Técnicos de Sevilla, 2003.

COSCOLLANO Rodríguez, J.: *Tratamiento de las humedades en los edificios.* Madrid: PARANINFO, 2000.

DE CUSA Ramos, J.: *La pintura en la construcción.* Barcelona: Ediciones CEAC, S. A. 1968.

FERNÁNDEZ Ruíz, E.: *Revestimiento de fachadas. Manual práctico.* Madrid: Progensa Promotora General de Estudios, S. A., 1997.

GARCÍA de Miguel, J. M.: *Tratamiento y conservación de la piedra, el ladrillo y los morteros en monumentos y construcciones.* Madrid: Consejo General de la Arquitectura Técnica de España, 2009.

GONZÁLEZ Martín, J.: *Revestimientos continuos. Tradicionales y modernos.* Madrid: Fundación Escuela de la Edificación, 2005.

MADRID Vicente, A.: *Pinturas y Revestimientos. Manual Práctico.* Madrid: AMV Ediciones, 2018.

MARTÍNEZ Cuevas, A.: *Manual para la redacción de estudios básicos de seguridad y salud.* Sevilla: Fundación Cultural del Colegio Oficial de Aparejadores y Arquitectos Técnicos de Sevilla, 2009.

Nueva enciclopedia del encargado de obras – Administración técnica de la obra. Barcelona: Ediciones CEAC, 2001.

OLIVARES Santiago, M. y LAFFARGA Osteret, J.: *Introducción al control de calidad en restauración. Limpieza y Restauración de fachadas.* Sevilla: Instituto Universitario de Ciencias de la Construcción. Fundación Centro de Fomento de Actividades Arquitectónicas, 1998.

PARDO Moreno, J. A.: *Manual práctico de actuaciones de seguridad y salud en obras.* Sevilla: Fundación Cultural del Colegio Oficial de Aparejadores y Arquitectos Técnicos de Sevilla, 2003.

PELLICER Daviña, D.: *Revestimientos y pinturas.* Madrid: CIE Inversiones Editoriales, 2003.

PRADO A. y GUERRA M.: *Revestimientos continuos conglomerados.* Madrid: Escuela Universitaria de Arquitectura, 1962.

VÁZQUEZ Martínez, A.I., ROBADOR González, M.D., GARCÍA Guerrero, J. y MARTÍNEZ Cuevas, A.: *Materiales de construcción.* Sevilla: Escuela Universitaria de Arquitectura Técnica de Sevilla, 1993.

VV. AA.: *Diccionario de la construcción:* Enciclopedia CEAC del encargado de obras. Barcelona: Ediciones CEAC, 1998.